U0324119

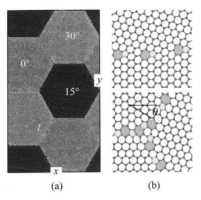

(a)   (b)

图 2.1 多晶石墨烯的原子结构图

(a) 由三种晶粒拼接而成的、晶粒尺寸为 L 的多晶石墨烯的原子结构；(b) 多晶石墨烯中的晶界的原子结构，晶界由 5|7 元环构成

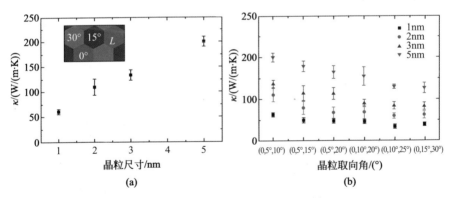

(a)   (b)

图 2.3 不同结构多晶石墨烯的热导率

(a) 不同晶粒尺寸的晶界角为 $(0,5°,10°)$ 的多晶石墨烯的热导率；(b) 不同晶界角的多晶石墨烯的热导率，晶界角从左到右依次为 $(0,5°,10°)$，$(0,5°,15°)$，$(0,5°,20°)$，$(0,10°,20°)$，$(0,10°,25°)$ 及 $(0,15°,30°)$

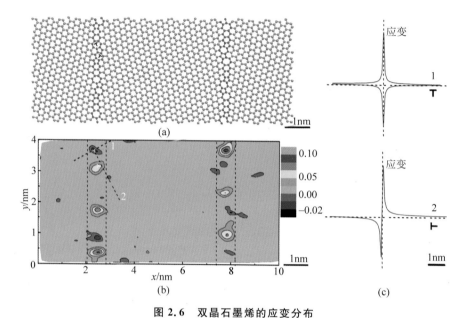

图 2.6 双晶石墨烯的应变分布

（a）晶界角为 15.4° 的双晶界石墨烯的原子结构；（b）利用 MD 方法计算得到的双晶界石墨烯的切应变的空间分布；（c）根据式（2-6）计算的单个位错引起的切应变场，方向如图（b）所示

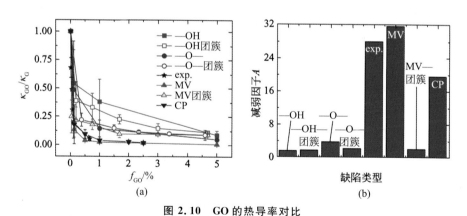

图 2.10 GO 的热导率对比

（a）不同氧化官能团的 GO 的热导率及实验测量结果；（b）不同类型氧化官能团对应的热导率减弱因子

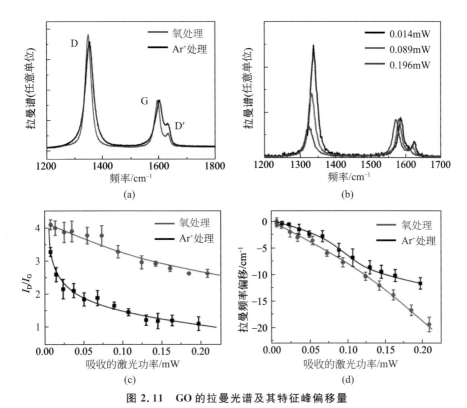

图 2.11　GO 的拉曼光谱及其特征峰偏移量

（a）氧等离子体及 Ar⁺ 等离子体处理样品得到的 GO 的拉曼光谱；（b）Ar⁺ 等离子体处理得到的 GO 在不同的激光吸收功率下的拉曼光谱；（c）～（d）氧等离子体及 Ar⁺ 等离子体处理样品得到的 GO 在不同激光吸收功率下的 I_D/I_G 比值及频率偏移量

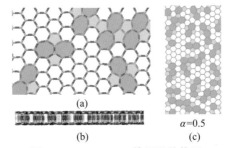

图 3.1　2D bi-silica 的原子结构图

（a）2D bi-silica 结构的俯视图，5|7|7|5 Stone-Wales 拓扑缺陷用黄色和天蓝色表示，红色表示氧原子，黄色表示硅原子；（b）2D bi-silica 结构的侧视图；（c）无序度 $\alpha=0.5$ 的 2D bi-silica 的原子结构

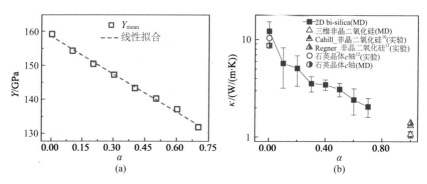

图 3.2 2D bi-silica 的杨氏模量及热导率

（a）2D bi-silica 杨氏模量与无序度的关系，并利用线性关系拟合杨氏模量；（b）三维二氧化硅晶体态和非晶态及不同无序度 2D bi-silica 的热导率，并与最近的实验结果相比较

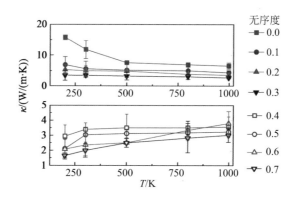

图 3.3 不同无序度的 2D bi-silica 的热导率对温度的依赖性

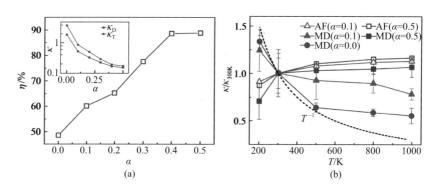

图 3.5 热导率预测模型的合理性检验

（a）扩散式模态贡献的热导率所占的比例，插图总结了利用 Allen-Feldman 理论得到的声子及局域化振动模态所贡献的热导率；（b）MD 模拟与 Allen-Feldman 理论的比较

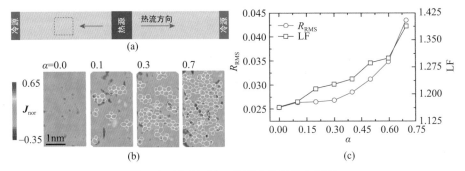

图 3.7　2D bi-silica 的面内热流分布情况

（a）计算热流时 2D bi-silica 的温度设置及热流方向,同时选取虚框内的原子热流进行后续分析;
（b）不同无序度二氧化硅的热流空间分布情况;（c）热流空间分布的粗糙度及局域化因子与材料
无序度的关系

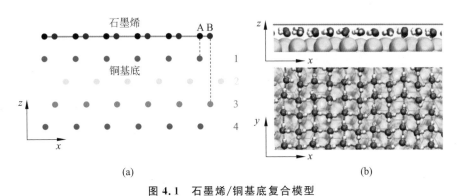

图 4.1　石墨烯/铜基底复合模型

（a）石墨烯与铜(111)面之间的三种不同界面;（b）石墨烯/铜基底之间的 IWL 示意图

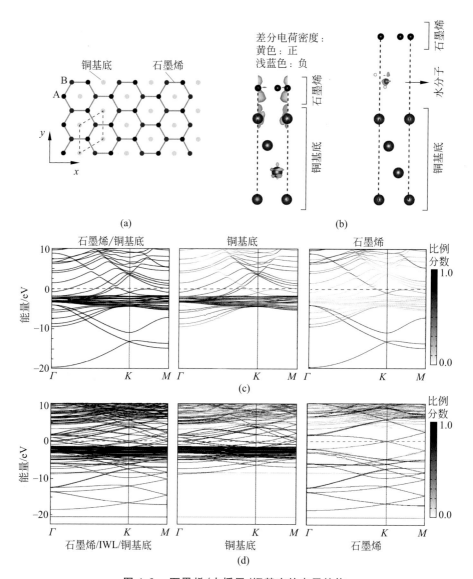

图 4.3　石墨烯/水插层/铜基底的电子结构

(a) DFT 计算中的元胞结构,铜基底包含 4 层原子,石墨烯的元胞如图中虚线所示;(b) 有、无水分子插层情况下石墨烯/铜基底界面的差分电荷密度图;(c)~(d) 有、无水分子插层时石墨烯/铜基底的电子能带及向铜原子和石墨烯原子分解的情况

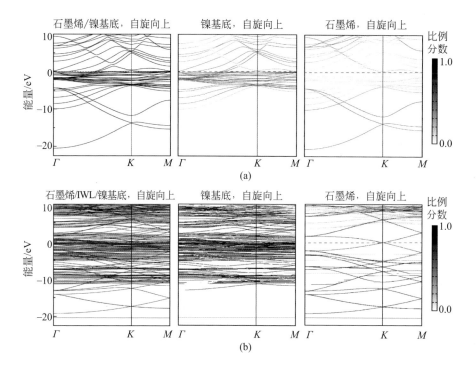

图 4.4　电子能带分解图

有、无水分子插层石墨烯/镍基底的电子能带及向铜原子和石墨烯原子分解的情况（由于自旋向下和向上的电子能带类似，因此这里只展示了自旋向上的电子能带）

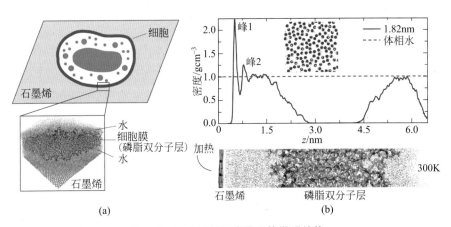

图 4.6 纳米材料细胞界面的微观结构

(a) 石墨烯/水分子插层/细胞膜的分子模型;(b) 上图是水分子的质量密度分布图(水分子插层厚度 $t_W = 1.82\text{nm}$),虚线表示块体水常温常压的密度,石墨烯的位置为 $z = 0.0\text{nm}$,下图是 MD 模拟过程中研究穿过界面的热量耗散时的边界条件设置

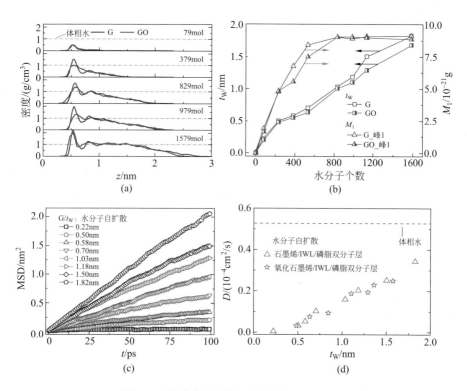

图 4.7 限域水分子插层的结构及输运性质

（a）石墨烯和 GO 界面中水分子含量不同时的水分子密度空间分布情况；（b）IWL 的厚度 t_W
及峰 1 中水的质量 M_1 与水分子插层中分子数的关系；（c）~（d）不同厚度的 IWL 的均方距离
（MSD）及自扩散系数 D

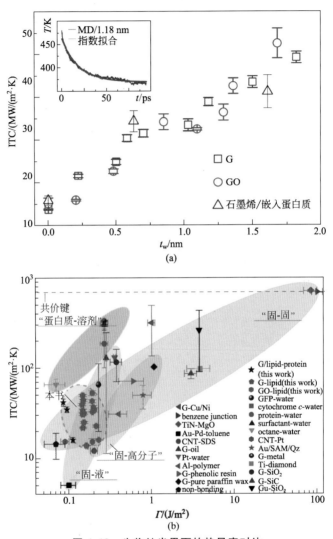

图 4.10　生物纳米界面的热导率对比

（a）石墨烯（GO）/磷脂双分子层的界面热导 ITC；（b）液体-高分子、固体-液体、固体-高分子以及固体-固体界面的界面热导与界面能的关系，图中虚线表示的是共价键连接的固体-固体界面的界面热导。ITC 的数据来自文献[59,172,194-209]

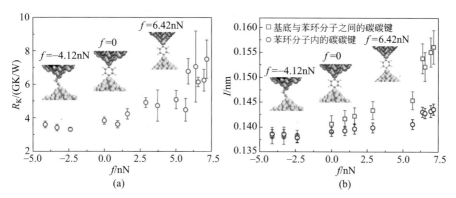

图 5.3　分子结界面的热阻与分子结键长

（a）穿过分子结界面的界面热阻 R_K 与外界载荷 f 之间的关系；（b）承受外界载荷时，苯环分子内部及苯环分子与基底之间的 C—C 键长的变化

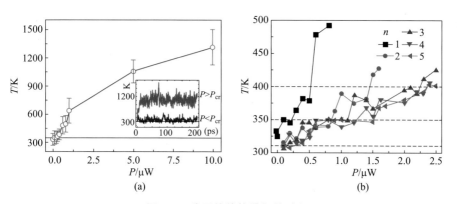

图 5.5　分子结的热量耗散过程

（a）单分子结的温度 T_M 与加热功率 P 之间的关系，插图是苯环分子与金刚石基底的温度变化图；（b）不同长度分子结的温度 T 与加热功率之间的关系，图中虚线代表分子结的不同临界温度 $\Delta T_{th}=10K,50K$ 和 $100K$

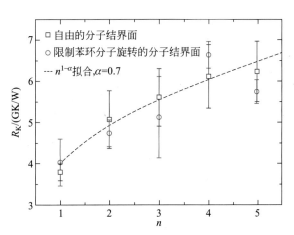

图 5.8 不同长度的苯环分子结的界面热导

红色表示限制苯环旋转时的情况

清华大学优秀博士学位论文丛书

低维材料及其界面的热输运机制与模型研究

王艳磊 著 Wang Yanlei

Research on
Thermal Transport Mechanism and Model of
Low-Dimensional Materials and Their Interfaces

清华大学出版社
北 京

内 容 简 介

本书是作者在其博士学位论文的基础上总结、改进、提炼而形成的学术著作。本书通过运用大规模分子动力学模拟与理论分析相结合的方法,重点研究了石墨烯等低维材料中缺陷、无序度、弱耦合界面和强耦合界面等因素影响热输运过程的微观机制,进而基于分子动力学模拟的结果构建了适用于不同低维体系的预测热输运过程的理论模型,促进了对低维材料热输运过程的合理理解,可为微纳米电子器件热管理、新型相变传热材料设计等提供一定的科学参考依据和新思路。

本书可供微纳米材料与器件设计领域相关的学者和科研人员参考。

图书在版编目(CIP)数据

低维材料及其界面的热输运机制与模型研究/王艳磊著.—北京:清华大学出版社,2019

(清华大学优秀博士学位论文丛书)

ISBN 978-7-302-53267-5

Ⅰ.①低…　Ⅱ.①王…　Ⅲ.①纳米材料－热传导－研究　Ⅳ.①TB383

中国版本图书馆 CIP 数据核字(2019)第 138263 号

责任编辑:黎　强　戚　亚
封面设计:傅瑞学
责任校对:王淑云
责任印制:丛怀宇

出版发行:清华大学出版社
　　　　　网　　　址:http://www.tup.com.cn, http://www.wqbook.com
　　　　　地　　　址:北京清华大学学研大厦 A 座　　邮　　编:100084
　　　　　社 总 机:010-62770175　　　　　　　　　邮　　购:010-62786544
　　　　　投稿与读者服务:010-62776969,c-service@tup.tsinghua.edu.cn
　　　　　质量反馈:010-62772015,zhiliang@tup.tsinghua.edu.cn
印 刷 者:三河市铭诚印务有限公司
装 订 者:三河市启晨纸制品加工有限公司
经　　销:全国新华书店
开　　本:155mm×235mm　　印　张:10.25　　插　页:6　　字　数:182 千字
版　　次:2019 年 10 月第 1 版　　　　　　　　印　次:2019 年 10 月第 1 次印刷
定　　价:89.00 元

产品编号:080939-01

一流博士生教育
体现一流大学人才培养的高度(代丛书序)①

人才培养是大学的根本任务。只有培养出一流人才的高校,才能够成为世界一流大学。本科教育是培养一流人才最重要的基础,是一流大学的底色,体现了学校的传统和特色。博士生教育是学历教育的最高层次,体现出一所大学人才培养的高度,代表着一个国家的人才培养水平。清华大学正在全面推进综合改革,深化教育教学改革,探索建立完善的博士生选拔培养机制,不断提升博士生培养质量。

学术精神的培养是博士生教育的根本

学术精神是大学精神的重要组成部分,是学者与学术群体在学术活动中坚守的价值准则。大学对学术精神的追求,反映了一所大学对学术的重视、对真理的热爱和对功利性目标的摒弃。博士生教育要培养有志于追求学术的人,其根本在于学术精神的培养。

无论古今中外,博士这一称号都是和学问、学术紧密联系在一起,和知识探索密切相关。我国的博士一词起源于 2000 多年前的战国时期,是一种学官名。博士任职者负责保管文献档案、编撰著述,须知识渊博并负有传授学问的职责。东汉学者应劭在《汉官仪》中写道:"博者,通博古今;士者,辩于然否。"后来,人们逐渐把精通某种职业的专门人才称为博士。博士作为一种学位,最早产生于 12 世纪,最初它是加入教师行会的一种资格证书。19 世纪初,德国柏林大学成立,其哲学院取代了以往神学院在大学中的地位,在大学发展的历史上首次产生了由哲学院授予的哲学博士学位,并赋予了哲学博士深层次的教育内涵,即推崇学术自由、创造新知识。哲学博士的设立标志着现代博士生教育的开端,博士则被定义为独立从事学术研究、具备创造新知识能力的人,是学术精神的传承者和光大者。

---

① 本文首发于《光明日报》,2017 年 12 月 5 日。

博士生学习期间是培养学术精神最重要的阶段。博士生需要接受严谨的学术训练,开展深入的学术研究,并通过发表学术论文、参与学术活动及博士论文答辩等环节,证明自身的学术能力。更重要的是,博士生要培养学术志趣,把对学术的热爱融入生命之中,把捍卫真理作为毕生的追求。博士生更要学会如何面对干扰和诱惑,远离功利,保持安静、从容的心态。学术精神特别是其中所蕴含的科学理性精神、学术奉献精神不仅对博士生未来的学术事业至关重要,对博士生一生的发展都大有裨益。

独创性和批判性思维是博士生最重要的素质

博士生需要具备很多素质,包括逻辑推理、言语表达、沟通协作等,但是最重要的素质是独创性和批判性思维。

学术重视传承,但更看重突破和创新。博士生作为学术事业的后备力量,要立志于追求独创性。独创意味着独立和创造,没有独立精神,往往很难产生创造性的成果。1929年6月3日,在清华大学国学院导师王国维逝世二周年之际,国学院师生为纪念这位杰出的学者,募款修造"海宁王静安先生纪念碑",同为国学院导师的陈寅恪先生撰写了碑铭,其中写道:"先生之著述,或有时而不章;先生之学说,或有时而可商;惟此独立之精神,自由之思想,历千万祀,与天壤而同久,共三光而永光。"这是对于一位学者的极高评价。中国著名的史学家、文学家司马迁所讲的"究天人之际,通古今之变,成一家之言"也是强调要在古今贯通中形成自己独立的见解,并努力达到新的高度。博士生应该以"独立之精神、自由之思想"来要求自己,不断创造新的学术成果。

诺贝尔物理学奖获得者杨振宁先生曾在20世纪80年代初对到访纽约州立大学石溪分校的90多名中国学生、学者提出:"独创性是科学工作者最重要的素质。"杨先生主张做研究的人一定要有独创的精神、独到的见解和独立研究的能力。在科技如此发达的今天,学术上的独创性变得越来越难,也愈加珍贵和重要。博士生要树立敢为天下先的志向,在独创性上下功夫,勇于挑战最前沿的科学问题。

批判性思维是一种遵循逻辑规则、不断质疑和反省的思维方式,具有批判性思维的人勇于挑战自己、敢于挑战权威。批判性思维的缺乏往往被认为是中国学生特有的弱项,也是我们在博士生培养方面存在的一个普遍问题。2001年,美国卡内基基金会开展了一项"卡内基博士生教育创新计划",针对博士生教育进行调研,并发布了研究报告。该报告指出:在美国和欧洲,培养学生保持批判而质疑的眼光看待自己、同行和导师的观点同样非常不容易,批判性思维的培养必须要成为博士生培养项目的组成部分。

对于博士生而言,批判性思维的养成要从如何面对权威开始。为了鼓励学生质疑学术权威、挑战现有学术范式,培养学生的挑战精神和创新能力,清华大学在 2013 年发起"巅峰对话",由学生自主邀请各学科领域具有国际影响力的学术大师与清华学生同台对话。该活动迄今已经举办了 21 期,先后邀请 17 位诺贝尔奖、3 位图灵奖、1 位菲尔兹奖获得者参与对话。诺贝尔化学奖得主巴里·夏普莱斯(Barry Sharpless)在 2013 年 11 月来清华参加"巅峰对话"时,对于清华学生的质疑精神印象深刻。他在接受媒体采访时谈道:"清华的学生无所畏惧,请原谅我的措辞,但他们真的很有胆量。"这是我听到的对清华学生的最高评价,博士生就应该具备这样的勇气和能力。培养批判性思维更难的一层是要有勇气不断否定自己,有一种不断超越自己的精神。爱因斯坦说:"在真理的认识方面,任何以权威自居的人,必将在上帝的嬉笑中垮台。"这句名言应该成为每一位从事学术研究的博士生的箴言。

提高博士生培养质量有赖于构建全方位的博士生教育体系

一流的博士生教育要有一流的教育理念,需要构建全方位的教育体系,把教育理念落实到博士生培养的各个环节中。

在博士生选拔方面,不能简单按考分录取,而是要侧重评价学术志趣和创新潜力。知识结构固然重要,但学术志趣和创新潜力更关键,考分不能完全反映学生的学术潜质。清华大学在经过多年试点探索的基础上,于 2016年开始全面实行博士生招生"申请-审核"制,从原来的按照考试分数招收博士生转变为按科研创新能力、专业学术潜质招收,并给予院系、学科、导师更大的自主权。《清华大学"申请-审核"制实施办法》明晰了导师和院系在考核、遴选和推荐上的权力和职责,同时确定了规范的流程及监管要求。

在博士生指导教师资格确认方面,不能论资排辈,要更看重教师的学术活力及研究工作的前沿性。博士生教育质量的提升关键在于教师,要让更多、更优秀的教师参与到博士生教育中来。清华大学从 2009 年开始探索将博士生导师评定权下放到各学位评定分委员会,允许评聘一部分优秀副教授担任博士生导师。近年来学校在推进教师人事制度改革过程中,明确教研系列助理教授可以独立指导博士生,让富有创造活力的青年教师指导优秀的青年学生,师生相互促进、共同成长。

　　在促进博士生交流方面,要努力突破学科领域的界限,注重搭建跨学科的平台。跨学科交流是激发博士生学术创造力的重要途径,博士生要努力提升在交叉学科领域开展科研工作的能力。清华大学于 2014 年创办了"微沙龙"平台,同学们可以通过微信平台随时发布学术话题、寻觅学术伙伴。3 年来,博士生参与和发起"微沙龙"12 000 多场,参与博士生达 38 000 多人次。"微沙龙"促进了不同学科学生之间的思想碰撞,激发了同学们的学术志趣。清华于 2002 年创办了博士生论坛,论坛由同学自己组织,师生共同参与。博士生论坛持续举办了 500 期,开展了 18 000 多场学术报告,切实起到了师生互动、教学相长、学科交融、促进交流的作用。学校积极资助博士生到世界一流大学开展交流与合作研究,超过 60% 的博士生有海外访学经历。清华于 2011 年设立了发展中国家博士生项目,鼓励学生到发展中国家亲身体验和调研,在全球化背景下研究发展中国家的各类问题。

　　在博士学位评定方面,权力要进一步下放,学术判断应该由各领域的学者来负责。院系二级学术单位应该在评定博士论文水平上拥有更多的权力,也应担负更多的责任。清华大学从 2015 年开始把学位论文的评审职责授权给各学位评定分委员会,学位论文质量和学位评审过程主要由各学位分委员会进行把关,校学位委员会负责学位管理整体工作,负责制度建设和争议事项处理。

　　全面提高人才培养能力是建设世界一流大学的核心。博士生培养质量的提升是大学办学质量提升的重要标志。我们要高度重视、充分发挥博士生教育的战略性、引领性作用,面向世界、勇于进取,树立自信、保持特色,不断推动一流大学的人才培养迈向新的高度。

邱勇

清华大学校长

2017 年 12 月 5 日

丛书序二

以学术型人才培养为主的博士生教育,肩负着培养具有国际竞争力的高层次学术创新人才的重任,是国家发展战略的重要组成部分,是清华大学人才培养的重中之重。

作为首批设立研究生院的高校,清华大学自 20 世纪 80 年代初开始,立足国家和社会需要,结合校内实际情况,不断推动博士生教育改革。为了提供适宜博士生成长的学术环境,我校一方面不断地营造浓厚的学术氛围,一方面大力推动培养模式创新探索。我校已多年运行一系列博士生培养专项基金和特色项目,激励博士生潜心学术、锐意创新,提升博士生的国际视野,倡导跨学科研究与交流,不断提升博士生培养质量。

博士生是最具创造力的学术研究新生力量,思维活跃,求真求实。他们在导师的指导下进入本领域研究前沿,吸取本领域最新的研究成果,拓宽人类的认知边界,不断取得创新性成果。这套优秀博士学位论文丛书,不仅是我校博士生研究工作前沿成果的体现,也是我校博士生学术精神传承和光大的体现。

这套丛书的每一篇论文均来自学校新近每年评选的校级优秀博士学位论文。为了鼓励创新,激励优秀的博士生脱颖而出,同时激励导师悉心指导,我校评选校级优秀博士学位论文已有 20 多年。评选出的优秀博士学位论文代表了我校各学科最优秀的博士学位论文的水平。为了传播优秀的博士学位论文成果,更好地推动学术交流与学科建设,促进博士生未来发展和成长,清华大学研究生院与清华大学出版社合作出版这些优秀的博士学位论文。

感谢清华大学出版社,悉心地为每位作者提供专业、细致的写作和出版指导,使这些博士论文以专著方式呈现在读者面前,促进了这些最新的优秀研究成果的快速广泛传播。相信本套丛书的出版可以为国内外各相关领域或交叉领域的在读研究生和科研人员提供有益的参考,为相关学科领域的发展和优秀科研成果的转化起到积极的推动作用。

感谢丛书作者的导师们。这些优秀的博士学位论文，从选题、研究到成文，离不开导师的精心指导。我校优秀的师生导学传统，成就了一项项优秀的研究成果，成就了一大批青年学者，也成就了清华的学术研究。感谢导师们为每篇论文精心撰写序言，帮助读者更好地理解论文。

感谢丛书的作者们。他们优秀的学术成果，连同鲜活的思想、创新的精神、严谨的学风，都为致力于学术研究的后来者树立了榜样。他们本着精益求精的精神，对论文进行了细致的修改完善，使之在具备科学性、前沿性的同时，更具系统性和可读性。

这套丛书涵盖清华众多学科，从论文的选题能够感受到作者们积极参与国家重大战略、社会发展问题、新兴产业创新等的研究热情，能够感受到作者们的国际视野和人文情怀。相信这些年轻作者们勇于承担学术创新重任的社会责任感能够感染和带动越来越多的博士生，将论文书写在祖国的大地上。

祝愿丛书的作者们、读者们和所有从事学术研究的同行们在未来的道路上坚持梦想，百折不挠！在服务国家、奉献社会和造福人类的事业中不断创新，做新时代的引领者。

相信每一位读者在阅读这一本本学术著作的时候，在吸取学术创新成果、享受学术之美的同时，能够将其中所蕴含的科学理性精神和学术奉献精神传播和发扬出去。

清华大学研究生院院长

2018 年 1 月 5 日

导师序言

伴随着微纳米技术制造与加工技术的发展,微纳电子工业、生物工程、航天航空工业等领域的关键材料与器件特征尺寸进入微纳米尺度,而逐渐提高的功率密度使得其热管理成为相关领域应用的巨大挑战。碳纳米管、石墨烯等低维材料具有独特的热学、电学及力学等性质,在前述领域有广泛的应用前景;但低维特性使其热输运机理不同于三维体相材料,且因其散热性能由界面主导,需开展相关研究,为微纳米材料与器件的热管理与热设计提供可靠依据与新思路。

本书基于原子模拟与理论,分析研究了石墨烯、双层二氧化硅、单分子结、自组装单分子层等低维材料与结构的导热与散热机理,揭示了缺陷、无序度、界面对热输运过程的影响机制,建立了若干可用于低维材料、器件热设计的理论模型。全书内容分为四个方面:①面内缺陷对热流的散射机制与低维材料热导率的有效介质理论;②由结构无序引起的低维材料热流局域化与导热机制转变;③非共价界面的扩散式热输运机制与热设计模型;④分子结与分子链的导热机制与模型。上述关于低维材料及其界面的热输运机制与模型的研究为微纳米机械、电子、生物等器件的热管理、热设计、热调控技术提供了理论基础与设计参考。

本书作者为清华大学工程力学系的博士研究生,在博士研究生期间从事微纳米尺度的能量输运机制与模型的研究,在该领域发表了一些重要学术论文,其博士学位论文被评为 2017 年度清华大学优秀博士学位论文,因而有机会将论文内容凝练成专著。希望该书的出版对于从事微纳米材料与器件设计的学者和科研人员提供一定的参考。

徐志平

清华大学工程力学系教授

2018 年 7 月

摘　要

随着微纳米技术的快速发展,微电子工业、生物工程、航天航空工业等领域生产的材料及设备的特征尺寸水平逐渐进入微纳米尺度,引起相关材料及设备的热能密度急剧升高,热管理成为相关领域的一个巨大挑战。石墨烯等低维材料具有独特的热学、电学及力学等性质,在微纳米技术领域有非常广泛的应用,但是由于低维材料自身结构的特殊性,其热输运过程的机理与模型均不同于三维材料。因此,对低维材料热输运过程的理解,可为低维材料在微纳米领域的热管理与热设计提供可靠的依据和新思路。

本书使用计算机模拟与理论分析相结合的方法,重点考察了低维材料中缺陷、无序度、弱耦合界面及强耦合界面等因素影响热输运过程的机制及其适用的理论模型,研究内容主要包括以下四个方面。

(1) 晶界及氧化官能团等缺陷对热流的散射与有效介质理论。通过分析多晶石墨烯的原子热流分布,发现晶界对原子热流的散射局限在一个宽度约为 0.7nm 的空间内,进而结合有效介质理论建立了预测不同晶粒尺寸的多晶石墨烯热导率的理论模型;同时根据有效介质理论,结合计算机模拟与拉曼实验的结果,发现氧化石墨烯的不同官能团中,羰基对对热输运过程有最显著的影响。

(2) 无序度与低维材料的振动模态局域化。结合计算机模拟、振动模态占有率、Allen-Feldmann 理论及原子热流空间局域化程度等多种手段分析了无序度对热输运过程的影响,发现无序度主要通过引起材料振动模态的局域化来影响热输运过程,即随着无序度逐渐增大,低维材料的振动模态局域化程度逐渐升高,热输运机制逐渐由可扩展的振动模态主导转变为局域化的振动模态主导。

(3) 弱耦合界面与扩散式热输运机制。通过计算机模拟研究了石墨烯/铜基底、石墨烯/细胞膜界面等范德华力形成的弱耦合界面的热输运过程,发现扩散式输运模型可以合理地描述该热输运过程。基于此,分析了水分子插层提升弱耦合界面的热输运效率的机制,建立了预测生物纳米界面热输运与热耗散过程的理论模型。

(4) 强耦合界面与依赖于分子链长度的热输运机制。通过计算机模拟研究了分子结的热输运过程,发现共价键形成的强耦合界面的热输运机制与分子链的长度相关,当分子链长度较短时,热输运过程既包括扩散式机制也包括弹道式机制;反之,当分子链较长时,热输运过程转变为典型的弹道式输运。基于此,进一步分析了苯环分子结的热稳定性及自组装分子层作为热界面材料的巨大应用前景。

关键词:微纳米力学;低维材料;拓扑缺陷;界面热输运;热管理

Abstract

With the rapid development of nanotechnology, the characteristic dimensions of the materials and devices in many fields such as the microelectronics industries, biological engineering, aerospace industries and other productions gradually enter into the micro & nano scale, causing a sharp rise in heat energy density, and thermal management has been a great challenge in the micro & nano field; at the same time, due to the unique thermal, electrical and mechanical properties, low-dimensional materials are widely used in the field of micro & nano technology, but the thermal mechanism and model in low-dimensional materials are far different from three-dimensional materials. Hence, the reasonable understanding of thermal transport and dissipation of low-dimensional materials, can provide reliable basis and new method for thermal management applications of low-dimensional materials in the field of micro & nano, and further promote the development of nanotechnology.

In this book, comprehensive research efforts through computer simulation and theory analysis will be paid on the mechanism and model of thermal transport in low-dimensional materials with defects, disorder, weak coupling interfaces and strong coupling interfaces. The detailed content is summarized as following four aspects:

(1) The scattering of heat flux and the effective medium theory of graphene with grain boundaries and oxide functional groups. From the distribution of atomic heat flux, we find that the scattering of heat flux will only occur in the confined region along the grain boundary with a width about 0.7nm, then based on the effective medium theory, we establish a theoretical model to predict thermal conductivity of polycrystalline graphene with different grain size; at the same time, according to the

effective medium theory and the results of computer simulation and the Raman experiments, we also find that the carbonyl pairs in graphene oxide have the largest effect on thermal transport comparing with other functional groups.

(2) The degree of disorder and localization of vibration modes in low-dimensional materials. Combining with computer simulation, participation ratio of localized vibrational modes, Allen-Feldmann theory and the atomic flux spatial localization, we find that the degree of disorder mainly influence the thermal transport process through the localized vibration modes: as the degree of disorder increases, the extended vibration modes will gradually become localized, and the dominated mechanism of thermal transport changes to localized modes from phonon, while the properties of low-dimensional materials changes from crystal properties to amorphous properties.

(3) Weak coupling interface and diffusive thermal transport mechanism. The thermal transport process of the weak coupling interface between graphene/copper substrate and graphene/cell interface are studied by computer simulation, and the diffusive thermal transport model can describe the process very well. Based on the mechanism, the enhancement of the thermal transport efficiency of the water intercalated layer for the weak coupling interface is analyzed, and a theoretical model is established to predict the thermal transport and dissipation of the bio-nano interface.

(4) Strong coupling interface and molecular chain length dependent thermal transport mechanism. Based on the diamond/benzene molecules or alkane chain self-assembled monolayer/diamond interface, thermal transport mechanism across the strong coupling interface formatted via covalent bonds is studied: when the chain length is short, both the diffusion mechanism and ballistic mechanism exist in the thermal transport process; on the contrary, when the molecular chain is long, the interfacial thermal conductance of interface does not change with the chain length, and the thermal process is a typical ballistic transport. Furthermore, the thermal stability of benzene molecular junction and the application prospect of self-assembled monolayer as thermal interface material are discussed.

Key words: Micro & nano mechanics; Low-dimensional materials; Topological defects; Interfacial thermal transport; Thermal management

主要符号对照表

MD   分子动力学(molecular dynamics)
DFT   密度泛函理论(density functional theory)
BTE   玻尔兹曼传输方程(Boltzmann transfer equation)
NEGF   非平衡格林函数(non-equilibrium Green's function)
EMD   平衡分子动力学(equilibrium molecular dynamics)
NEMD   非平衡分子动力学(non-equilibrium molecular dynamics)
PIMD   路径积分分子动力学 (path-integral molecular dynamics)
AMM   声学失配模型 (acoustic mismatch model)
DMM   扩散失配模型 (diffusive mismatch model)
EMT   有效介质理论(effective medium theory)
CVD   化学气相沉积法(chemical vapor deposition)
GO   氧化石墨烯(graphene oxide)
2D bi-silica   二维双层二氧化硅(two dimentional silica bilayer)
IWL   水分子插层(intercalated water layer)
ITC, G 界面热导(interfacial thermal conductance)
TIM   热界面材料(thermal interfacial material)
SAM   自组装分子层(self-assembled monolayer)
VDOS   振动态密度(vibrational density of states)
LAMMPS   大规模原子分子并行模拟器(large-scale atomic/molecular
            massively parallel simulator)
κ 热导率 (thermal conductivity)
R 界面热阻(interfacial thermal resistance)
α 材料无序度(the degree of disorder)
f 外界载荷(force)
t 时间(time)
T 温度(temperature)

目　录

Contents

第1章 绪 论

1.1 课题背景及研究意义

随着材料加工技术、半导体技术和微电子器件技术的飞速发展,航天航空工业、能源工业、电子工业及生物工程等多个领域生产的材料、器件及设备的特征尺寸水平已达到微纳米尺度。微纳米器件及设备发展的一个主要推动力是信息处理[1],而信息处理的主要载体是电子与光子。电子和光子的输运过程通常会产生额外的热量。然而,伴随着材料、器件及设备特征尺寸的急剧减小,越来越多的器件被集成到一个很小的空间范围内,导致它们所要承受的热能密度成倍增加,合理地热管理就成为微电子器件等领域的一个巨大挑战[1]。例如,英特尔(Intel)公司利用最新的 14nm 工艺生产的酷睿七代芯片,面积约为 $1cm^2$,热量耗散约为 126W,对应的热能密度高达 MW/m^2 量级。电子器件中多余的热量聚集会对器件本身或工作对象产生重大的影响,严重时会导致器件的失效或设备的破坏。比如新型的纳米电子器件[2,3],其功率密度可以达到 $1GW/m^3$ 量级,由于电子流动而产生的焦耳热会在表面聚集,局部温度可以达到 1500K;当微纳米器件用于生物组织探测时,器件产生的热量大量聚集在器件与细胞之间,会导致细胞或生物组织丧失生物功能甚至死亡[4];航天、航空及民用技术中,需要使用微纳米厚度的高温防护涂层以使热端部件免于受到高温的影响而失效。

虽然器件或设备中产生的多余热量会对其功能或结构产生影响,需要及时处理,但纳米尺度的热量输运现象也可以用于发展新的能量转换或信息传递的方法。例如,超晶格结构的纳米结构具有极低的热导率,可以作为热电材料,利用热电效应将废弃的能量转换为需要的电能[5,6];利用纳米材料及热输运的特性,还可以制备声子晶体,利用声子作为信息的载体[7];利用细胞不能承受高温的特点,可以利用激光或其他方式,在病灶部位产生热量进而杀死目标细胞[8]。可以说,纳米尺度下的热输运与耗散过程是纳米电子器件、能源工业等相关领域发展的一个重要因素。然而,纳米尺度下的材料、器件及设备的能量输运与宏观尺度有很大的不同,并且在很多方面缺乏深入系统的研究,在一定程度上制约了相关领域的发展,迫切需要进行深入的探讨。

　　伴随着纳米技术的发展,低维材料由于其独特的力学、热学及电学性质,引起了人们的广泛关注[9, 10]。低维材料是一种在某个维度的尺寸远远小于其他维度的材料,如图 1.1 所示,包括准零维的富勒烯、准一维的碳纳米管与卡拜碳链、二维的石墨烯、过渡态金属硫族化合物(二维二硫化钼)、黑磷、六方氮化硼、二维双层二氧化硅及低维材料与其他纳米结构的界面,等等。低维材料有很多独特的性质,比如石墨烯具有优异的导热性质[11],热导率高达 5300W/(m·K),面内拉伸刚度非常大[12],高达 1TPa,同时具有非常低的面外刚度(弯曲刚度只约为 1.2eV);二维二硫化钼具有直接的带隙,通过控制实验条件可以发生金属-非金属相变[13],因此,低维材料在微纳米电子工业等领域具有很广泛的应用。比如科学家们设想的以石墨烯为单元的全石墨烯集成电路[14];以石墨烯/黑磷为基底的生物传感器[8, 15];以及二维二硫化钼作为沟道材料制备的可替代传统硅晶体管的新型晶体管[16]等。可以说,低维材料的发现极大地推进了纳米技术的发展。

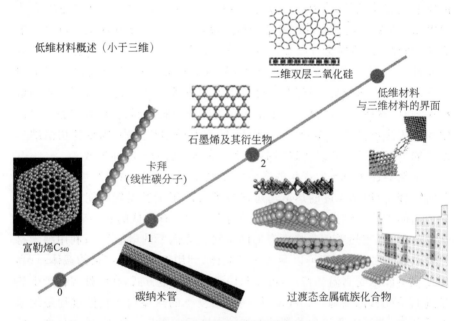

图 1.1　低维材料分类及概述

准零维的富勒烯、准一维的碳纳米管、二维的石墨烯、低维材料与三维材料的界面等

　　另一方面,低维材料中的热输运过程具有很多不同于三维材料的特征,比如在低维材料中具有更加明显的弹道式输运现象,即如图 1.2(a)所示的石墨烯的弹道式输运现象[17];又比如声子等振动模态在维度降低时,更加容易受到缺陷等因素的影响而发生振动模态的局域化[18];再比如材料内的热传导机制的分界会随着维度降低而向高温区移动[19],如图 1.2(b)所示。可以说低维材料本身的纳米级的特征尺度及热输运现象的特异性,使其成为研究纳米尺度下热量输运与耗散的绝佳平台。因此,研究低维材料及其界面的热输运的内在机制及模型,不仅对从理论上理解纳米尺度下的热输运机制有重大意义,也对纳米技术及相关领域的发展及低维材料在相关领域的应用都具有相当大的推动作用。

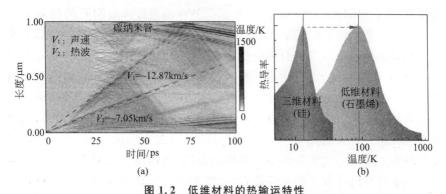

图 1.2　低维材料的热输运特性

(a) 石墨烯的弹道式输运现象;(b) 低维材料与三维材料的热导率-温度依赖性的比较,转折点会由低温区移动到 100K 左右

1.2　研究概况

　　从微观统计上分析,宏观材料的热输运过程可以看作一个正常的能量扩散过程,但是低维材料在纳米尺度下的热输运却是一个非正常的能量耗散过程,比如具有明显的尺度效应、显著的量子热导率[20]及热整流效应[21]等。但是低维材料的能量输运与耗散的效率,仍然可以用热传导率来描述。热传导率的基本计算公式如下:

$$\kappa = \frac{1}{3} \sum_{i=1,3} \int_0^{\omega_D} C_i(\omega) v_i(\omega) l_i(\omega) \mathrm{d}\omega \tag{1-1}$$

式中,κ 是热导率;ω 是材料中振动模态的频率;C_i, v_i, l_i 分别是材料中第 i 个振动模态的比热容、群速度及平均自由程。

从上面热导率的公式可以发现,影响材料热导率的因素主要有材料的维度、材料中的缺陷、材料的一致性(晶界以及界面)受到的变形或应力,以及非简谐作用、温度、量子效应等,这些因素均可以通过影响振动模态的比热容、群速度或平均自由程来调控材料的热导率和热量的输运及耗散。

1.2.1   国内外研究动态

低维材料在纳米尺度下的热输运机制与模型的研究,受到了众多科研工作者的关注与青睐。Balandin 等人[11]利用拉曼方法,根据激光加热功率和局部温度升高引起的拉曼谱 G 峰移动的关系,测量得到了单层石墨烯室温下的热导率高达 5300W/(m·K);Pop 等人[22]同样利用拉曼方法测得了单壁碳纳米管的热导率,数值约为 3500W/(m·K);金刚石的热导率为 1000~2200W/(m·K),是三维材料中最好的[23],经过对比可以发现,石墨烯的热导率是目前发现的材料中最高的。实验中制备石墨烯的方法主要有机械剥离法、外延生长法、化学气相沉积法等,但是生长大面积单晶的石墨烯还是一个极具挑战性的难题。现阶段生长的石墨烯大多都含有缺陷或晶界及多晶石墨烯[24-26],晶界的结构主要是由一系列的 5|7 位错构成的,位错的密度与晶界角满足关系:$\rho = 2\sin(\theta/2)|\boldsymbol{b}|$。二维二硫化钼、六方氮化硼及黑磷等二维材料也会形成多种多样的缺陷,进而形成晶界。关于单个位错或单条晶界已经有了很多的研究,比如 Ziman[27]认为可以将单个缺陷看作声子的散射中心,有一定的作用范围,只能局部影响材料的热导率;Hao 和 Xu[28]研究了单空位缺陷及 Stone-wales 位错对于石墨烯力学热学性质的影响;Bagri 等人[29]研究了多晶石墨烯孪晶界对热导率的影响并发现其界面热导比其他的界面高很多;Cao 等人[30]及 Serov 等人[31]分别从 MD 模拟及晶格动力学分析的角度研究了平行晶界对于石墨烯热导率的影响,考虑了温度、晶粒大小及晶界角的因素。对于石墨烯的单个缺陷及平行晶界已经有了很多研究,但是对于真实的多晶石墨烯颗粒会对石墨烯产生多大的影响,以及石墨烯晶粒尺寸多大时热导率才可以与完美石墨烯相似,需要根据晶界对热输运的影响机制结合理论模型进行深入研究。

影响石墨烯热量输运的因素除了空穴,5|7 位错及晶界等缺陷,还有各种氧化官能团[32, 33],比如羟基、环氧基、羧基对等。经过氧化官能团的修饰,可以形成氧化石墨烯(GO)[34]。GO 含有大量由共价键结合而成的氧化官能团,因此,GO 可以看作是由大量的碳碳双键及碳碳单键组成的原子集合,对于 GO 的力学性质、光学性质及电学性质已经有了很多的研究。比

如,Loh 等人[32]通过实验方法探究了 GO 的光学作用及在材料物理和生物化学上的应用;Mu 等人[33]通过 MD 的方法探究了 GO 中的热量传递,发现了 GO 中弹道式输运及非晶的性质;Suk 等人[35]通过实验方法研究了单层 GO 的力学性质,发现 GO 具有较低的杨氏模量(约 207GPa),并且实验制备的 GO 具有 39.7~76.8MPa 的预应力。虽然对于 GO 的多种性质已经有了较多研究,但是 GO 含有多种不同的缺陷,每种缺陷都会造成热导率的降低,那么哪种缺陷对 GO 的能量输运与耗散起到主导作用呢?

材料中的热量输运与耗散效率除了依赖于缺陷及外加的化学官能团等之外,还依赖于无序度。我们知道,很多材料(二氧化硅,石墨烯,硅等)都具有多种不同的稳定结构,比如单晶、多晶、非晶等,这些结构最大的区别就是无序度。无序度作为一个重要的结构参数,对于材料的性质尤其是能量输运的效率有很大的影响。当材料无序度很低或有序度很高时,可以认为是单晶态[36],单晶材料的各方面性质都很优异,尤其是热学性质。比如单晶石墨烯的杨氏模量可以达到 1TPa,热导率可以达到 5300W/(m·K)[11],并且随着温度升高会逐渐降低。单晶材料中的热输运可以用声子[27]的概念很好地描述。然而,当材料无序度很高或有序度几乎没有时,可以认为是非晶态[37],非晶态的热输运效率极低,有时甚至可以认为是绝缘体。比如二氧化硅的热导率只约为 10W/mK[38]。由于非晶态的材料不具有很好的有序度,无法很好地在非晶态中定义声子的速度及极化方向[38],进而无法用声子的语言来很好地描述通过非晶材料内部的能量传递。相对于三维材料,无序度及声子的局域化在低维材料中会更加明显,对材料的热输运性质有更强烈的影响[39,40]。随着纳米技术及实验技术的发展,石墨烯、二维二氧化硅等二维材料的合成与表征手段有了很大程度的提升,通过实验,已经可以表征出材料中晶体相、非晶相及两相界面的存在,并可以通过外界条件的设置进行可控生长[41-45]。这些二维材料提供了一个非常理想的平台来探索无序度对于材料热输运性质的作用机制及机理[46,47]。那么,当无序度由很低变化到很高时,热学性质或能量输运效率会有怎样的变化呢?热量传递的机制又会有怎样的变化呢?

低维材料纳米尺度下的热输运,由于尺寸的减小及维度的降低,界面的效应相比于块体材料更显著。对于界面热阻的研究有两种很经典的理解,声学失配模型(acoustic mismatch model,AMM)[48]和扩散失配模型(diffusive mismatch model,DMM)[49],两种模型[50]都是基于声子输运并忽略电子的影响,并且界面热阻都起源于声子穿过界面。当温度较高的材料中高能声子密度较高时,可以传递到温度较低的界面,但是反过来时能量就很难进行传递。AMM 假设界面是完美的,没有任何散射,声子可以弹性地穿过界面;DMM 则假设了另外一个极端,认为界面是完全散射的,声子能否透过界面是随机的且和入射的声子无关。在低维材料中,界面存在于方方面面,比如材料中的晶界就可以看作是一种抽象的界面,对于材料内部热输运影响较小,甚至连能量传递的机制也不会发生改变;但是,当两种不同或相同的材料组装在一起就会由于范德华力作用而形成一种很弱的耦合界面,同时两种材料还可以通过有机分子或外延生长的方法,形成由共价键形成的强耦合界面,不同耦合程度的界面均会对材料的性质产生很大影响甚至会改变热量的传递机理。

低维材料之间及低维材料与其他三维材料之间均可以通过范德华力形成弱耦合界面,在此方面也已经有了较多研究,比如,Wang 等人[51]通过 MD 模拟的方法研究了石墨烯/碳化硅界面的热输运过程及氩气插层的影响,发现氩气插层浓度大到一定程度时,对界面热输运影响有限;Sun 等人[52, 53]研究了多层石墨烯、碳纳米管束等之间的范德华力对材料自身热输运过程的影响,发现弱耦合界面会减弱自身的热导率系数;Mao 等人[54]研究了石墨烯/六方氮化硼、石墨烯/碳化硅及石墨烯/H-碳化硅界面的热输运过程,分析了界面相互作用和外界应变对界面热输运的影响,发现面外的 ZA 振动模态对界面的热输运过程起主导作用。可以发现对通过弱耦合界面的热输运过程已经有了较多的研究,但是,材料与材料之间,除了范德华力形成的弱耦合界面之外,还可以由其他的分子通过共价键等比较强的相互作用进行连接,进而形成强耦合界面。Lee 等人[55]利用实验研究了原子尺度下分子结的电子透射系数与焦耳热之间的关系及热量耗散过程;O'Brien 等人[56]分析了自组装分子层在绝缘介质与金属界面的影响,发现共价键的强弱可用于调控界面热输运效率的机理,并比较了不同共价键的影响;Meier 等人[57]利用扫描热显微镜研究了分子长度对硅/分子自组装层之间热输运过程的影响,发现了热导率随长度先增加后减少的反常现象;Luo 等人[58, 59]利用 MD 模拟的方法研究了金/自组装分子层界面及石墨烯/GO 与高分子界面的热输运过程,以及温度、系统尺寸等的影响。虽然对于穿过界面的热输运过程已经有了较多的研究,但是还有许多亟待解决的问题。比如弱耦合界面是否可以采用扩散式输运模型,由强耦合界面形成的体系的热输运的内在机制是否可以用弹道式输运精确描述,其他分子的插层,比如水分子插层,对于弱耦合界面的热输运过程有怎样的影响等。

1.2.2　问题与挑战

由于低维材料的结构特征,其中包含的缺陷、无序度或界面对材料热输运性质的影响将会比三维体相材料更加显著。鉴于缺陷、无序度及界面的普遍存在,在低维材料的实际应用场景中,必须要考虑缺陷、无序度及界面等微观结构对于热输运性质的影响。因此,从低维材料的应用角度考虑,研究缺陷、无序度及界面对于热输运过程的影响至关重要。虽然对于低维材料的热输运过程已经有了很广泛的研究,但是对于晶界、化学官能团等缺陷、无序度及界面对于低维材料热输运过程的影响机制与模型仍不是很清楚。另一方面,明确环境温度、外界载荷及气体或水分子插层对低维材料系统的热输运具有怎样的调控作用,对于低维材料的应用同样具有非常重要的意义。

实验上测量材料热导率的主要方法主要有两类[60]:一类是 3ω 法和悬空热导法等接触式测量方法;另一类是基于激光光热技术的闪光法和光热反射法等非接触式测量方法。3ω 法[61]是接触式测量方法的典型代表,该方法通过在待测材料表面制备一定尺度和形状的微型金属膜,把该金属膜同时作为加热器和温度传感器,进而根据热波频率和温度变化的关系求得待测材料的热导率,广泛用于微纳米尺度薄膜、单根碳纤维及微纳米流体等材料热导率的测量[62, 63],图 1.3(a)是利用 3ω 法测量纤维试样热导率的测试结构[60]。基于激光光热技术的方法[64]是非接触式测量方法的典型代表,物体表面受到激光加热作用时,温度变化会导致折射率等性质的变化,该方法通过捕捉这些性质的变化来间接测量瞬态温度响应,最终得到材料的热导率,该方法已广泛用于测量悬浮的自由薄膜等的热导率[65, 66],同时结合拉曼光谱学,基于激光光热技术的方法还可以测量单根碳纳米管、单层石墨烯等低维材料的热导率[11, 67]。图 1.3(b)是拉曼光谱方法测量石墨烯热导率的示意图。虽然利用实验方法已经测量了纳米尺度薄膜、碳纤维、碳纳米管、石墨烯等多种材料在微纳米尺度下的热导率[11, 62, 63, 65-67],但是,这两类方法在测量低维材料的热导率时都有缺点[60]。直接测量方法会引入新的基底导致热量分流,出现边界失配;间接测量方法的测量对象尺寸受限于激光光斑的大小(目前已知的最小的光斑直径在 $1\mu m$ 左右),因此,无法测量直径小于 $0.5\mu m$ 的样品热导率;同时,实验测量过程中会引入接触电阻,给测量结果带来系统误差。由于低维材料本身的尺度特征,通过实验方法直接研究缺陷、无序度或界面影响热输运过程的机制,仍面临很大挑战。

因此,本书主要采用计算机与理论分析相结合的方法,研究缺陷、无序度和界面对低维材料热输运的影响机制和适用模型。

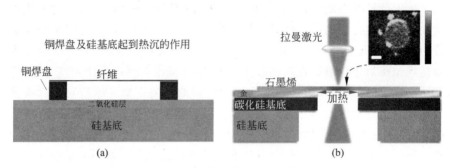

图 1.3　固体材料热导率的测试方法

(a) 3ω 法测量纤维试样热导率的测试结构;(b) 拉曼光谱方法测量石墨烯热导率的示意图

1.3　研究方法简介

本书为了探讨低维材料中缺陷、无序度、界面等对热输运的影响机制与适用的模型,主要使用两种方法对于低维材料进行了计算机模拟,分别是基于密度泛函理论(density-functional theory,DFT)的第一性原理计算方法和基于牛顿运动力学的分子动力学(molecular dynamics,MD)模拟。下面分别介绍这两种方法。

1.3.1　第一性原理计算方法

DFT[68]计算方法是一种第一性原理计算方法,指从计划研究的材料的原子类型出发,运用量子力学及密度泛函理论,通过自洽计算来确定材料最优的电子结构、几何结构、电学性质及热力学性质等材料物理性质的方法。第一性计算方法的基本思想是将多个原子组成的材料体系理解为只有原子核和电子组成的多粒子系统,并运用量子力学等最基本的物理原理进行求解。在将量子力学应用于原子核与电子组成的多粒子系统时,一个基本事实是原子核的质量远大于单个电子的质量(每个质子或中子要比一个电子的质量大 1800 倍),电子速度要比原子核速度高若干个数量级,电子处于高速运动中,而原子核只是在平衡位置附近做热运动,也就是说,电子对环境变化的响应要比原子核快得多。基于这一特性,可以将电子与原子核的运动分为两部分进行处理,即利用玻恩-奥本海默近似。第一部分,可以固定

原子核的位置 $\boldsymbol{R}$，求解出该原子核对应的势场。第二部分，对于高速运动的电子，根据给定的原子核势场求出能量最低的电子构型或电子态（state），其中最低能量也称为电子的基态（ground state）。如果我们有 M 个在 $\boldsymbol{R}_1$，$\boldsymbol{R}_2,\cdots,\boldsymbol{R}_M$ 位置的原子核，那么可以将基态能量 E 表示为原子核位置的函数，即 $E(\boldsymbol{R}_1,\boldsymbol{R}_2,\cdots,\boldsymbol{R}_M)$。第一性原理计算依据的最基本的量子力学原理，就是薛定谔方程（Schrödinger equation），对于多电子与多原子情形，可以写作一个简单的形式，即

$$\left[-\frac{h^2}{2m}\sum_{i=1}^{N}\nabla_i^2+\sum_{i=1}^{N}V(\boldsymbol{r}_i)+\sum_{i=1}^{N}\sum_{j<i}U(\boldsymbol{r}_i,\boldsymbol{r}_j)\right]\psi=E\psi \qquad (1\text{-}2)$$

式中，h 是普朗克常数，m 是电子质量，N 是电子个数，方括号中的三项分别是每个电子的动能、电子与原子核的相互作用能及不同电子之间的作用能，E 是前文提到的电子基态能量，$\psi=(\boldsymbol{r}_1,\boldsymbol{r}_2,\cdots,\boldsymbol{r}_N)$ 是电子波函数，可以看作 N 个电子空间坐标的函数。该方程中，基态能量与时间无关，所以这是与时间无关的薛定谔方程。通过哈特里乘积（Hartree product）可以将多电子波函数近似表示为单个电子波函数的乘积，即 $\psi=\psi_1(r)\psi_2(r)\cdots\psi_N(r)$。在第一性原理计算中，一般是基于复杂的多电子波函数通过哈特里-福克（Hartree-Fock，HF）方法和后哈特里-福克（Post-Hartree-Fock，Post-HF）方法求解系统的电子结构，而多电子波函数是一个维数为 $3N$ 的函数，假如研究对象为 10 个 CO_2 分子，那么全波函数就是一个 660 维的方程（一个分子 22 个电子，每个电子 3 维），所以基于波函数求解是一个非常复杂且耗时的过程。

尽管求解薛定谔方程是量子力学的基本问题，但需要指出的是，并不能直接观测到某个基于特定坐标的波函数，理论上只能观测到 N 个电子在特定坐标下出现的概率，即 $\psi^*(\boldsymbol{r}_1,\boldsymbol{r}_2,\cdots,\boldsymbol{r}_N)\psi(\boldsymbol{r}_1,\boldsymbol{r}_2,\cdots,\boldsymbol{r}_N)$，式中"$*$"表示波函数的复数共轭。而与电子出现的概率密切相关的量是空间某个具体位置的电荷密度 $n(\boldsymbol{r})$，即

$$n(\boldsymbol{r})=2\sum_i\psi_i^*(\boldsymbol{r})\psi_i(\boldsymbol{r}) \qquad (1\text{-}3)$$

可以发现电荷密度仅仅是三个坐标的函数，却包含了全波函数的大量信息。为了讨论波函数与电荷密度之间的关系，科恩（Kohn）与霍恩伯格（Hohenberg）证明了两个基本的数学定理[69,70]，即①在基态波函数和基态电荷密度之间存在一一对应关系，或表述为，基态能量可以表达为基态电荷密度的泛函 $E=E[n(\boldsymbol{r})]$；②基态电荷密度唯一决定了基态的所有性质（波

函数和能量）。基于这两个定理，建立起了密度泛函理论。据此，对于含有 10 个 CO_2 分子的体系，就可以将 660 维的问题简化为 3 维的问题。为了求解体系中的电荷密度，科恩与沈吕九（Sham）提出了科恩-沈吕九方程（Kohn-Sham equation），即

$$\left[-\frac{h^2}{m}\nabla^2 + V(\boldsymbol{r}) + V_H(\boldsymbol{r}) + V_{XC}(\boldsymbol{r})\right]\psi_i(\boldsymbol{r}) = \varepsilon_i\psi_i(\boldsymbol{r}) \qquad (1\text{-}4)$$

式中，中括号内前两项分别是电子的动能及电子与原子核的相互作用，V_H 也称为哈特里势能，是单个电子与体系中全部电子之间所产生的库仑排斥作用，可以写成

$$V_H(\boldsymbol{r}) = e^2 \int \frac{n(\boldsymbol{r}')}{|\boldsymbol{r} - \boldsymbol{r}'|} d^3\boldsymbol{r}' \qquad (1\text{-}5)$$

除了电子的动能、电子与原子核之间的库仑作用、电子之间的库仑作用及原子核之间的库仑作用以外的其他量子效应贡献的能量都包含在了交换关联项 $E_{XC}[(\psi_i)]$ 中，而 V_{XC} 在形式上可以表示为交换关联项的"泛函导数"，即

$$V_{XC} = \frac{\delta E_{XC}[\boldsymbol{r}]}{\delta n(\boldsymbol{r})} \qquad (1\text{-}6)$$

　　从以上描述可以看出，如果想通过 DFT 计算电荷密度，必须知道交换关联项。但实际上无法获知交换关联项的精确形式，虽然霍恩伯格-科恩定理（Hohenberg-Kohn theorems）肯定了它的存在。因此，在 DFT 中一般采用近似的方法处理交换关联项。一种近似方法是由均匀电子气（electron gas）的泛函直接求得在某特定位置所观测到的电荷密度，即 $V_{XC} = V_{XC}^{\text{electron gas}}(n(\boldsymbol{r}))$，这一近似利用了电荷分布的局域密度来确定交换关联项，故被称为局域密度近似[71]（local density approximation，LDA）。除了 LDA，经常用到的还有考虑局域电荷密度和电荷密度上局域梯度的广义梯度泛函[71]（generalized gradient approximation，GGA）。由于可以采用不同的方法来考虑电荷密度的梯度信息，因此，存在许多不同版本的 GGA，比如 PW91[72] 和 PBE[73] 等。虽然 DFT 在量子力学的多体问题计算中可以给出非常令人满意的结果，但是对于分子间的范德华力，并不能给出合理的预测。因此，在 DFT 计算中，一般通过混合交换关联泛函的方法矫正对于范德华力的求解（vdW-DF）[74]。

　　VASP 软件包[75]（vienna ab-initio simulation package）是维也纳大学 Hafner 小组开发的基于 DFT 进行电子结构计算和量子力学-MD 模拟的软件包，可以实现 DFT 计算，进而预测石墨烯、二氧化硅等低维材料及其他材

料的几何结构和电子结构等性质。虽然 DFT 计算相对于其他第一性原理的计算方法,在保持计算精度的同时大幅提高了计算效率,但是整体的计算速率仍十分缓慢,依据目前的计算资源只能模拟几十个原子的体系,不能计算较大尺寸的低维材料的热输运性质,这是 DFT 计算的最大劣势。

1.3.2　MD 模拟

MD 模拟方法是一门结合了物理学、数学和化学等学科的技术,是一种计算机模拟实验方法,是研究低维材料等凝聚态系统的有力工具。该方法主要是依靠牛顿力学来模拟原子体系的运动轨迹,并且可以观察到原子运动过程中的微观细节,通过在由各个原子的不同状态构成的体系中抽取样本,从而计算体系的构型积分,并以构型积分的结果为基础进一步计算体系的热力学量和其他宏观性质,是对理论计算和实验的有力补充。MD 的基本思想是利用牛顿力学定律模拟系统中粒子随时间的演化[76]。图 1.4 是高度简化的 MD 模拟算法的描述,模拟过程中要计算一个新的力并且利用计算该力时得到的加速度求解方程,这个过程会反复交替进行。在实际应用中,几乎所有的 MD 代码都会使用更加复杂的算法,这些算法在求解运动方程时包含两个步骤(预测和校正),并且会添加其他步骤,比如温度与压强控制、分析和输出等。

MD 模拟主要涉及以下几个重要的方面:

(1) 积分牛顿运动方程。MD 模拟的出发点是假定粒子的运动可以用经典动力学来处理,对一个由 N 个粒子构成的体系,运动由牛顿运动方程来决定:

$$m_i \frac{d^2 \boldsymbol{r}_i}{dt^2} = -\nabla_i \varphi(\boldsymbol{r}_1, \boldsymbol{r}_2, \cdots, \boldsymbol{r}_N) \tag{1-7}$$

式中,m_i、$\boldsymbol{r}_i$ 是第 i 个原子的质量和位置;φ 是体系的势能。为了求解原子的运动,可以采用多种有限差分方法,比如,Verlet 算法、"蛙跳"(Leapfrog)算法、Grear 算法等。

(2) 原子及分子间相互作用势能。MD 模拟需要选择合适的势函数描述体系中原子之间的相互作用,比如,对于碳氢系统,常用的势函数有 Lennard-Jones 势函数[77]、Brenner 势函数[78]、Tersoff 势函数[78],以及 AIREBO(the adaptive intermolecular reactive empirical bond order)势函数[79, 80]等,对于铜等金属体系,常用的势函数有嵌入原子(EAM)势函数和改进的嵌入原子(MEAM)势函数[81]等,对于水体系,经常用到的势函数有 SPC/E(Extended simple point charge)势函数[82]等。

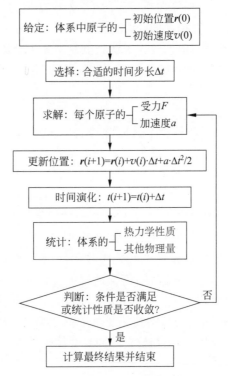

图 1.4　MD 模拟的基本流程

（3）MD 模拟过程的系综及模拟过程中温度、压强等热力学状态量的控制。在模拟过程中经常用到的平衡系综主要有四种，如微正则系综（NVE）、正则系综（NVT）、等温等压系综（NPT），以及等温等焓系综（NPH）等[76, 83]。模拟过程中需要根据目标条件进行温度和压强的控制，主要的控制方法有速度标定方法、Berendsen 热浴及 Nosé-Hoover 热浴等[84]。

（4）MD 模拟的初始条件及边界条件。合理的初始构型及初始速度能够使计算系统很快达到要求的平衡状态，初始构型及初始速度可以通过实验数据或理论模型或两者结合来得到。每个原子的初始速度可以从初始温度分布下的麦克斯韦-玻尔兹曼分布（Maxwell-Boltzmann distribution）来随机选取。对于周期性的体系，可以应用周期性边界条件（periodic boundary condition，PBC），这样便可以通过模拟相对小数量的原子来研究物质的宏观物理性质。

（5）实现 MD 模拟需要选择合适的软件包。本书涉及的所有 MD 模拟,都是通过大规模原子、分子并行模拟器(large-scale atomic/molecular massively parallel simulator,LAMMPS)实现的[85]。LAMMPS 是由美国桑迪亚国家实验室(Sandia National Laboratories)开发的开放源代码,并可以根据实际需求自行修改源代码,支持气态、液态、固态三相,以及多种系综下的 MD 模拟。

　　基于经典力场的 MD 模拟可以用来研究较大尺寸的低维材料的热输运性质,空间尺度可以达到微米(10^{-6} m)量级,同时,对于时间尺度,时间步长通常在飞秒(10^{-15} s)量级,总的时间长度可以达到纳秒(10^{-9} s)量级。可以看出,MD 模拟的时间尺度与空间尺度均远大于 DFT 计算的方法。尽管 MD 模拟的空间与时间尺度仍然受到计算资源的限制,但是,已经足够作者在本书中分析低维材料中的缺陷、无序度及界面等多种因素对热输运过程的影响,进而做出合理可靠的论断。

1.3.3　热导率的数值计算

　　通过 MD 模拟,根据原子的轨迹、速度等微观信息可以计算出杨氏模量、热导率等宏观的性质。但是 MD 模拟无法清晰地分辨各种能量载体,所以在模拟过程中只考虑声子对热输运的贡献。本节中总结了 MD 模拟中经常用到的几种计算热导率的方法,比如基于玻尔兹曼输运方程直接求解的方法[86]、声子非平衡格林函数方法、NEMD 模拟及 EMD 模拟方法,下面对各种方法展开介绍。

1.3.3.1　基于玻尔兹曼输运方程直接求解

　　首先介绍玻尔兹曼输运方程(Boltzmann transfer equation,BTE)是玻尔兹曼在 1982 年提出的描述气体中的粒子动力学的半经典处理方式,发展至今,BTE 已经被广泛应用于处理声子、中子等亚原子问题[86]。BTE 的一般形式为

$$\left(\frac{\partial}{\partial t}+\boldsymbol{v}\cdot\nabla_r+F_{\text{ext}}\cdot\nabla_p\right)f(\boldsymbol{r},\boldsymbol{p},t)=\left(\frac{\partial f}{\partial t}\right)_{\text{scattering}} \tag{1-8}$$

式中,$\boldsymbol{r}$ 是粒子的位置,$\boldsymbol{p}$ 是粒子的动量,∇_r 和 ∇_p 是粒子位置及动量的梯度向量,t 是时间,v 是粒子速度,$f(\boldsymbol{r},\boldsymbol{p},t)$ 是 t 时刻相空间的粒子分布函数,F_{ext} 是作用在粒子上的外力。$(\partial f/\partial t)_{\text{scattering}}$ 虽然是碰撞项,但不是粒子分布的派生,而是描述所有粒子之间相互作用的复杂方程。BTE 用于在声子水平解决材料的热传导问题时,推动力是温度梯度,所以能量载体的分

布可以表达为温度方程。假设没有外力作用在载体上，系统处于平衡状态，此时 BTE 可以简化为

$$\boldsymbol{v} \cdot \boldsymbol{\nabla}_r T \frac{\partial f}{\partial T} = \left(\frac{\partial f}{\partial t}\right)_{\text{scattering}} \tag{1-9}$$

上述方程形式虽然很简单，但是由于右边碰撞项的存在，方程仍很难求解，需要进行近似处理，最常用的一种近似方法是弛豫时间近似（relaxation time approximation，RTA）[36]。在 RTA 过程中，声子分布方程可以分为平衡状态下的声子分布 f_0 及平衡体的波动方程 f'。假设平衡体的波动与温度无关，就有 $\partial f/\partial T \approx \partial f_0/\partial T$，并作替换 $(\partial f/\partial t)_{\text{scattering}} = -f'/\tau$，式中，$\tau$ 是弛豫时间。进一步，有：

$$f(\boldsymbol{k},\boldsymbol{v}) = -\tau(\boldsymbol{k},\boldsymbol{v}) \, v_g(\boldsymbol{k},\boldsymbol{v}) \, \boldsymbol{\nabla}_r T \frac{\partial f_0}{\partial T} \tag{1-10}$$

式中，$\boldsymbol{k}$ 是声子模态的波矢量，v 是色散的分支，$v_g(\boldsymbol{k},\boldsymbol{v})$ 是群速度。如果晶体是体心对称的，那么热导率张量的对角线就是相等的，这种设定下热导率可以写作：

$$\kappa = \sum_k \sum_v c_{\text{ph}}(\boldsymbol{k},\boldsymbol{v}) \, v_g^2 \tau(\boldsymbol{k},\boldsymbol{v}) \tag{1-11}$$

式中，c_{ph} 是声子的热容。如果知道声子的热容、群速度及弛豫时间等性质，通过式（1-11）就可以直接求得热导率。

由于 MD 模拟不能直接确定声子的特性，需要额外的后处理技术，比如正则模态分析及振动谱能量密度等。正则模态分析是通过分析正则模态来确定声子弛豫时间的方法。第一步是通过准谐波晶格动力学的计算来确定相互之间无作用的声子频率 ω 及极化矢量 $\boldsymbol{k}$；接下来是利用 MD 模拟来计算与时间相关的正态坐标 $q(\boldsymbol{k},\boldsymbol{v},t)$；然后可以计算出体系中每个准谐振振荡的能量[87]：

$$E_{k,v}(t) = \frac{1}{2}\omega^2(\boldsymbol{k},\boldsymbol{v})q^*(\boldsymbol{k},\boldsymbol{v})q(\boldsymbol{k},\boldsymbol{v}) + \frac{1}{2}q^{*'}(\boldsymbol{k},\boldsymbol{v})q'(\boldsymbol{k},\boldsymbol{v})$$

$$\tag{1-12}$$

式中，* 表示坐标的复数共轭，第一项为势能，第二项为动能。利用每个准谐振振荡能量的自相关函数就可以求得声子的弛豫时间[87]：

$$\exp\left(-\frac{t}{\tau(\boldsymbol{k},\boldsymbol{v})}\right) = \frac{\langle E_{k,v}(t) \cdot E_{k,v}(0) \rangle}{\langle E_{k,v}(0) \cdot E_{k,v}(0) \rangle} \tag{1-13}$$

式中，$\langle\rangle$ 表示对整体的平均。对于能量的自相关函数可以利用指数衰减进行拟合，进而得到声子的弛豫时间 $\tau(\boldsymbol{k},\boldsymbol{v})$。

利用振动谱能量密度同样可以计算声子的弛豫时间，与正则模态分析不同的是，声子的频率及极化矢量并不需要提前知道。根据 MD 模拟的数据可以直接定义光谱能量密度 $\Phi(k,\omega_0)$ 为[88]

$$\Phi(k,\omega_0)=\frac{1}{4\pi\tau_0 N}\sum_b m_b \sum_\alpha \mid \int_0^{\tau_0} \sum_l u_\alpha'(l,b)\exp(ik\cdot r(l,b)-i\omega_0 t)\mathrm{d}t \mid^2$$

(1-14)

式中，l 是体系中元胞的序号，m_b 是元胞中第 b 个原子的质量，α 代表 x、y 及 z 方向，u_α' 是原子的位移并与时间相关，r 是体系中初始时刻的原子的平衡位置。根据上述方程可以发现振动谱能量密度是一个多值函数，并且每个峰对应的 k 和 ω_0 就是体系中声子对应的极化矢量与频率。假设声子之间的相互作用很弱，那么每个峰的形式都是洛伦兹形式[88]，即

$$\Phi(k,\omega_0)=-\frac{C}{(\omega-\omega_0)^2-(2\tau)^{-2}}$$

(1-15)

式中，C 是定义峰高度的常数。利用这个方程，可以通过 MD 模拟直接确定声子的频率及弛豫时间，进而对体系的热导率求解。

1.3.3.2　声子非平衡格林函数方法

声子非平衡格林函数(nonequilibrium green's function，NEGF)是近十年来迅速发展起来的计算纳米结构热输运的方法[89-91]，其算法与电子的 NEGF 方法类似，但不同的是声子是玻色子，电子是费米子，所以，两者的量子统计分布不同，格林函数定义也不同，本节将简单介绍 NEGF 方法计算热导率的原理。

一般将声子输运过程的系统分为四部分：左侧热极(L)、中间部分(C)、右侧热极(R)及三者之间的相互作用项。在实际计算中，热极一般都被当成是半无穷长处理，且具备严格的周期性结构，并假设两侧的热极之间无相互作用，若这个条件不满足，可以扩大中间区域，直到条件满足，进而整个体系的哈密顿量可以表述为[89-91]

$$H_{sys}=\sum_{\alpha=L,C,R} H_\alpha +(U^L)^T K^{LC}U^C+(U^C)^T K^{CR}U^R$$

(1-16)

式中，$H_\alpha=(U^\alpha)^T U^\alpha/2+(U^\alpha)^T K^\alpha U^\alpha/2$，$U^\alpha$ 是包含 L、C 或 R 区域中所有原子振动位移的列向量，H^α 是 L、C 或 R 区域的哈密顿量，$K^{LC}=K^{CL}$ 和 $K^{RC}=K^{CR}$ 分别是左热极和右热极与中间部分的弹簧常数矩阵。对于石墨烯等低维材料，可以通过 MD 模拟等方法直接求得整个系统的弹簧常数矩阵，即

$$K = \begin{bmatrix} K^{\mathrm{L}} & K^{\mathrm{LC}} & 0 \\ K^{\mathrm{CL}} & K^{\mathrm{C}} & K^{\mathrm{CR}} \\ 0 & K^{\mathrm{RC}} & K^{\mathrm{R}} \end{bmatrix} \qquad (1\text{-}17)$$

根据 NEGF 方法,中间部分的延迟格林函数在频域内可定义为

$$G_{\mathrm{C}}^{\mathrm{r}}(\omega) = [(\omega + \mathrm{i}\eta)^2 I - K^{\mathrm{C}} - \Sigma_{\mathrm{L}}^{\mathrm{r}} - \Sigma_{\mathrm{R}}^{\mathrm{r}}]^{-1}, \quad \eta \to 0 \qquad (1\text{-}18)$$

式中,$\Sigma_{\mathrm{L(R)}}^{\mathrm{r}}$ 是左热极或右热极的延迟自能,代表的是热极与中间部分的散射区域的耦合作用,并且根据两侧热极的延迟格林函数计算得到,即

$$\Sigma_{\mathrm{L(R)}}^{\mathrm{r}} = K^{\mathrm{CL(R)}} g_{\mathrm{L(R)}}^{\mathrm{r}} K^{\mathrm{L(R)C}}, \quad g_{\mathrm{L(R)}}^{\mathrm{r}} = [(\omega + \mathrm{i}\eta)^2 I - K^{\mathrm{L(R)}}]^{-1} \qquad (1\text{-}19)$$

式中,$g_{\mathrm{L(R)}}^{\mathrm{r}}$ 是两侧热极单独存在时的表面格林函数,也是 NEGF 方法中最关键的部分。但是,由于 K^{L} 和 K^{R} 都是半无限大的,通过上述方程很难直接获得表面格林函数,所以,一般通过求解广义特征值问题来求解表面格林函数。

一旦知道表面格林函数,就可以获得穿过中间散射区域的声子透射系数 $\mathrm{Tran}(\omega)$ 及热传导系数 κ_{ph},即[89-91]

$$\mathrm{Tran}(\omega) = \mathrm{tr}(G^{\mathrm{r}} \Gamma_{\mathrm{L}} G^{\mathrm{a}} \Gamma_{\mathrm{R}})$$

$$\kappa_{\mathrm{ph}} = \frac{1}{2\pi} \int_0^\infty \hbar\omega \, \frac{\partial f(\omega)}{\partial T} \mathrm{Tran}(\omega) \mathrm{d}\omega \qquad (1\text{-}20)$$

式中,$G^{\mathrm{a}} = (G^{\mathrm{r}})^\dagger$ 是超前格林函数,$\Gamma_{\mathrm{L(R)}} = -2\mathrm{Im}\Sigma_{\mathrm{L(R)}}^{\mathrm{r}}$ 是左热极或右热极与中间散射区域的相互作用,$\mathrm{tr}(G^{\mathrm{r}} \Gamma_{\mathrm{L}} G^{\mathrm{a}} \Gamma_{\mathrm{R}})$ 是求解 $G^{\mathrm{r}} \Gamma_{\mathrm{L}} G^{\mathrm{a}} \Gamma_{\mathrm{R}}$ 的迹,$f(\omega)$ 是平衡状态下声子的玻色-爱因斯坦分布(Bose-Einstein distrilution)函数。

通过 NEGF 方法计算材料的热导率时,只需要孤立热极的动力学矩阵及相邻逻辑元胞间的相互作用就可以求出表面格林函数,进而求得热极的自能。首先,需要确定体系的构型,一个逻辑元胞由若干个元胞组成,以保证只有最近邻的元胞间有相互作用,为了保证两侧热极无相互作用,还需要中间区有足够长的缓冲区来避免对两侧热极的影响。确定构型后,经过弛豫,可以通过 MD 模拟或第一性原理计算方法得到体系的弹簧常数矩阵及动力学矩阵,最后,利用方程(1-20)得到体系的热输运性质。

1.3.3.3 NEMD 模拟方法

非平衡分子动力学(non-equilibrium molecular dynamics,NEMD)模拟是一种利用热导率的定义直接求解材料热导率的方法。根据傅里叶热传导定律,有两种热导率的定义方法:一种是在材料中直接施加温度梯度然后测量材料内部的热流;另一种是在材料中施加一定的热流然后测量在材料

内部产生的温度梯度。这两种方式也是实验中测量热导率最常用到的方法。

应用 NEMD 计算材料热导率时,最常用到的是 Müller-Plathe 方法,这是一种通过施加一定的热流进而测量温度梯度最终得到热导率的方法[92, 93]。为了减小 MD 模拟中的尺寸效应,材料的三个方向均采用周期性边界条件,并且热流传递方向的尺寸要远大于横向尺寸,如图 1.5 所示。

图 1.5　NEMD 模拟中计算热导率的条件设置

首先,将材料沿热流传递方向(设为 x 方向)平均分成 N 段,并且标记第 1 段为冷端,第 $N/2+1$ 段为热端,从 $N/2+1$ 段到 N 段与前半段为镜像关系。在 NEMD 模拟过程中,挑选冷端最"热"的原子与热端最"冷"的原子进行能量与动量的交换,由于原子速率分布的温度范围总是大于这两端的温度差,所以总能找到这样一对原子,即冷端最"热"的原子速率始终大于热端最"冷"的原子。随着交换过程的进行,在热端与冷端之间就会形成热流 J。如果在时间 t_{tran} 内,冷端与热端完成了 N_{tran} 次动量交换,那么就可以得到:

$$J = \frac{\sum_{N_{\text{tran}}} \frac{1}{2}(m_i v_{i,\text{h}}^2 - m_j v_{j,\text{c}}^2)}{t_{\text{tran}}} \quad (1\text{-}21)$$

式中,m_i 和 $v_{i,\text{h}}$ 分别是热端原子的质量与速度,m_j 和 $v_{j,\text{c}}$ 分别是冷端原子的质量与速度。当交换次数足够多时,系统的温度分布就会趋于平衡,得到在热流 J 下的材料内部的温度与位置的关系 $T(x)$,进而得到温度梯度。最终,应用傅里叶定律,可以得到材料的热导率:

$$\kappa = \frac{J}{2A\partial T/\partial x} \quad (1\text{-}22)$$

该方法中,由于原子之间交换的是动量,所以整个算法保持了总动量、总动能及总能量的守恒[25]。该方法优点是可以直接利用定义求解热导率,并可以在不改变模型的情况下研究热流流经边界或缺陷时的情况。当然,该方法的缺点也很明显,就是在冷端与热端附近会存在非线性的温度梯度,进而在较小的系统内产生不符合自然规律的较大热流,所以为了消除尺寸对热导率的影响需要大量的计算验证。

1.3.3.4 EMD 模拟的方法

平衡分子动力学(equilibrium molecular dynamics,EMD)模拟是指不设置外界扰动的情况下根据材料平衡态的统计信息计算材料热导率的方法,最常用的是 Green-Kubo 方法[94]。该方法是通过模拟材料体系在一定的温度下达到平衡状态时的能量流动,然后依靠涨落耗散定理及自相关函数求得热导率的方法。其理论依据是基于线性响应理论推出的 Green-Kubo 关系式:

$$\kappa = \frac{1}{Vk_B T^2} \lim_{x \to \infty} \int_0^{t_0} \langle J(t) \cdot J(0) \rangle \mathrm{d}t \tag{1-23}$$

式中,V 是材料的体积,k_B 是玻尔兹曼常数,T 是材料的温度,t_0 是积分时间,J 是材料平衡状态下的微热流,其定义为

$$J = \sum_i E_i \boldsymbol{v}_i + \frac{1}{2} \sum_{j \neq i} \boldsymbol{r}_{ji}(\boldsymbol{F}_{ji} \cdot \boldsymbol{v}_i) \tag{1-24}$$

式中,E_i 和 $\boldsymbol{v}_i$ 为第 i 个原子的能量与速度,$\boldsymbol{r}_{ij}$ 和 $\boldsymbol{F}_{ij}$ 为第 i 个到第 j 个原子的距离及作用力。

Green-Kubo 模拟方法的优点是其尺寸效应不像 Müller-Plathe 方法那么大,而且利用周期性边界条件控制尺寸可以使尺寸效应非常微小。该方法的缺点是需要相当大的数据平均才能获得有意义的数据,并且不充足的数据平均会引入很大的数值误差。

1.4 本书的主要内容

根据前文所述,对于低维材料及其界面的热输运机制及模型的充分研究,有助于理解低维材料及其界面的热输运特性,并对石墨烯、二维二氧化硅及分子链等低维材料在纳米电子器件、热界面材料、生物传感器、可穿戴的柔性电子器件等多个领域的实际应用中的热管理及热设计具有十分重要的意义。

后文将通过计算机模拟与理论分析相结合的办法,重点研究低维材料中的晶界及化学官能团等缺陷、材料无序度及与其他材料的界面的热输运过程的内在机理与模型。通过分析低维材料中缺陷的声子散射机制,结合有效介质理论,建立了预测多晶石墨烯热导率与晶界尺寸、GO 与其官能团

类型及浓度的理论模型;通过分析材料无序度对热输运过程的影响,结合 Allen-Feldman 模型、振动模态分析等理论,揭示了无序度通过引起振动模态局域化而改变材料性质的机制,并提出了通过无序度调控材料热输运性质的设想;通过分析范德华力形成的弱耦合界面的热输运过程,应用扩散式的界面热输运模型建立了预测生物纳米界面热输运及热耗散的理论模型,并提出了通过控制水分子插层来调控界面电学和热学性质的新方法;通过分析共价键形成的强耦合界面的热输运过程,发现了热输运机制依赖于分子链长度的特性,并进一步分析了外界载荷、分子长度等因素对热输运性质的调控作用。按照本书的行文顺序,具体的研究内容可归纳为以下四个方面。

(1) 低维材料中的缺陷、化学官能团及晶界等主要是通过有限范围内的声子散射对材料热输运过程产生影响,并可以将缺陷、晶界等看作有效介质进而采用有效介质理论进行合理的描述,以多晶石墨烯为例,结合有效介质理论与 MD 模拟的方法,预测了宏观晶粒尺寸的多晶石墨烯的热导率。

(2) 随着材料无序度升高,材料的热输运机制由声子主导逐渐转变为由局域化的振动模态主导,并结合 Allen-Feldman 理论,振动模态分析,热流的空间局域化与 MD 模拟等方法,发现了无序度是通过改变材料中振动模态的局域化程度来影响材料的热输运机制的。

(3) 石墨烯/水/细胞膜界面、金属基底/石墨烯界面、SiC/石墨烯界面等由范德华力形成的弱耦合界面可以通过扩散式热输运模型进行非常合理的描述,以生物纳米界面为例,建立了预测石墨烯/细胞膜界面的热输运过程的理论模型,并发现水分子插层可以有效减弱石墨烯/铜基底之间的电耦合并增强热耦合的特性。

(4) 以金刚石/苯环分子链/金刚石、金刚石/烷烃链自组装分子层/金刚石为例,分析了共价键形成的强耦合界面的热输运特性,发现强耦合界面的热输运机制依赖于分子链的长度,当链长较短时,热输运过程同时包含扩散式和弹道式两种机制,而当链长大于临界长度之后,热输运过程是典型的弹道式输运过程。同时探讨了分子结在作为分子电子器件或热界面材料时,外界温度、外界载荷、面内排列密度等因素对于热输运过程的调控作用。

第 2 章　缺陷的散射机制与有效介质理论

2.1　本章引论

  石墨烯由于独特的热学和力学性能[25]，在散热材料领域有广泛的应用，比如超大规模集成电路（VLSI）[95]，以及作为微纳米电子器件中的热界面材料[51, 96]等。在实验中，利用拉曼谱[25]中 G 峰移动与激光功率的关系测得单层石墨烯的热导率 κ 高达 5300W/(m・K)。石墨烯的热导率比最好的块体散热材料金刚石（κ 约为 2200W/(m・K)）[97]及碳纳米管的热导率[22]（κ 约为 3500W/(m・K)）都高很多。然而，大尺度的单晶石墨烯的生长是一个非常困难的问题[98]。利用化学气相沉积法（CVD）[99]可以大规模地生长石墨烯，同时可以得到大尺度的连续石墨烯薄膜，但是通过该方法得到的大多都是含有不同缺陷或晶界的多晶石墨烯[24]。

  那么，石墨烯的空穴、晶界、化学官能团等缺陷对于热导率有怎样的影响呢？经过调研可知，半导体材料中晶界及晶粒尺寸对于材料中的能量输运起着决定性的作用。在材料中引入超级晶格结构可以极大地降低声子输运的效率，进而降低材料的热导率[100]，比如实验中 GaAs/AlAs 超级晶格结构的热导率可以比块体 GaAs 材料的热导率低一个数量级[101]。对于石墨烯，根据不同原子间的相互作用及计算方法，理论上预测的室温下的热导率从几百到 8000W/(m・K)不等[102-106]；另一方面，实验上测得的微米量级晶粒尺寸的多晶石墨烯的热导率在 2000～5000W/(m・K)[107, 108]。基于以上事实，探讨石墨烯晶界等缺陷对热输运过程的影响机制及适用的模型是非常有趣且亟待解决的问题，同时对于石墨烯在微纳米电子器件等相关领域的应用具有十分重要的意义。

  关于晶界等缺陷对于石墨烯热导率的影响已经有一些初步的研究。比如，Hao 等人[28]利用 MD 方法发现随机分布的空穴缺陷及 Stone-Wales 缺陷会有效降低石墨烯的热导率；Bagri 等人[29]利用 MD 方法研究了多晶石墨烯双晶界的界面热导，发现其比大多数的热电材料高很多；Cao 等人[109]还研究了温度、晶粒尺寸及晶界角对双晶界石墨烯热导率的影响。对于双晶界石墨烯，Serov 等人[31]定量研究了平行晶界的晶界密度及晶粒尺寸对于热导率的影响，发现当晶粒尺寸增加到一定程度时，双晶界石墨烯的热导率与纯石墨烯相差无几。尽管对晶界等缺陷是如何影响声子的输运、热流的分布及适用的模型仍不是很清楚，但是相关结果对于石墨烯等低维材料的应用仍具有十分重要的意义。

　　本章将基于一种更接近实际结构的含有六方晶粒的多晶石墨烯结构，研究晶界对多晶石墨烯热导率的影响机制。首先，介绍石墨烯中的缺陷与晶界结构及 MD 模拟细节；之后，介绍晶粒尺寸、晶界取向的影响及多晶石墨烯的晶界声子散射的内在机制；进而，结合有效介质理论研究宏观尺寸晶粒的影响并讨论多晶石墨烯热导率的温度依赖性；最后，在 GO 中应用有效介质理论，并分析其热输运的内在机理。

2.2　多晶石墨烯的原子结构及热导率的计算方法

2.2.1　多晶石墨烯的原子结构

　　最近，研究人员利用 CVD 在液体铜表面生长出含有均匀六方石墨烯晶粒的多晶石墨烯，利用这种方法，研究人员可以控制多晶石墨烯的晶粒尺寸及晶粒形状[26, 110]。基于六方的石墨烯晶粒的结构，本书建立了含有不同晶粒尺寸及晶粒取向的多晶石墨烯结构。多晶石墨烯的结构参数主要有两个：晶粒大小 L 及晶界角 θ，如图 2.1 所示。

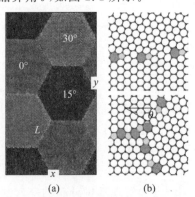

(a)　　　　　　　(b)

图 2.1　多晶石墨烯的原子结构图（前附彩图）

（a）由三种晶粒拼接而成的、晶粒尺寸为 L 的多晶石墨烯的原子结构；（b）多晶石墨烯中的晶界的原子结构，晶界由 5|7 元环构成

其中，L 是六方石墨烯晶粒的边长，晶界角 θ 是晶粒的锯齿状（Zigzag）方向与 x 轴的夹角，考虑到六方石墨烯晶粒的对称性（$0°$ 与 $60°$ 的结构是相同的），本书中的多晶石墨烯的晶界角 θ 取值范围为 $0° \sim 30°$，同时包含三种不同取向的晶粒。因此，一个完整的多晶石墨烯的晶粒取向可以由一个含有三个晶界角的数列 (α,β,γ) 来表示，同时为了表示整个多晶石墨烯的晶界取向，可以引入一个相对晶界角（ROA）$\theta_r = (|\alpha-\beta| + |\beta-\gamma| + |\beta-\gamma|)/3$。晶界角描述的是石墨烯内一条晶界两侧晶粒的取向角度，相对晶界角描述的是多晶石墨烯相邻晶粒之间的平均取向。

原则上，利用上述方法可以建立含有任何晶粒尺寸及任何相对晶界角的多晶石墨烯模型。但是，本书在不失一般性的情况下只考虑含有 4 种晶粒尺寸及 6 种相对晶界角，共计 24 种结构的多晶石墨烯模型。本书中多晶石墨烯的晶界角分别为 $(0,5°,10°)$，$(0,5°,15°)$，$(0,5°,20°)$，$(0,10°,20°)$，$(0,10°,25°)$ 及 $(0,15°,30°)$，对应的相对晶界角分别为 $5°$、$10°$、$13.33°$、$13.33°$、$16.67°$ 及 $20°$；晶粒尺寸分别为 1nm，2nm，3nm 及 5nm。需要指出的是由于高浓度的缺陷会导致晶粒与晶界之间很难区分进而无法准确定义晶粒尺寸，所以本书没有研究晶粒尺寸小于 1nm 的多晶石墨烯；另一方面，由于计算资源的限制，晶粒尺寸大于 5nm 的多晶石墨烯亦没有研究，但是大尺寸晶粒的多晶石墨烯的能量输运性质会通过有效介质模型进行预测（后文会仔细说明）。

2.2.2　热导率的计算方法

本书中采用基于线性响应理论的 Green-Kubo 方程计算多晶石墨烯的热导率。多晶石墨烯在平衡状态下的微热流是通过 MD 模拟得到的。Green-Kubo[94] 方法相对于通过加载温度梯度计算热导率的 NEMD 模拟方法，优势在于系统中不会引入外界有可能引起非线性效应的其他热扰动，同时系统尺寸对材料热导率的影响很弱。由于晶粒的六方对称性，多晶石墨烯面内热导率是各向同性的，因此本书中定义面内 x 和 y 两个方向的热导率的平均值作为多晶石墨烯的热导率（在本书分子模拟有限的系统中两个方向热导率相差小于 10%）。为了减小系统尺寸对模拟结果的影响，本书对不同晶粒尺寸的多晶石墨烯都应用几乎相同的超胞结构：$L=1$nm，2nm，3nm 时，超胞结构为 (18.0×31.2)nm^2；$L=5$nm 时，超胞尺寸为 (15.0×26.0)nm^2；纯石墨烯时，超胞尺寸为 (17.9×31.2)nm^2。由于改进的 Tersoff 势函数已经被验证可以得到与实验中相同的声子色散关系与振动谱[111]，并且被广泛用于研究石墨烯及相关材料的力学与热学性质，所以本书采用该势函数描述多晶石墨烯中碳原子之间的相互作用。

本书中所有的 MD 模拟都是用 LAMMPS 软件包进行的[85]。首先，应用 Nosé-Hoover 热浴在 NVT 系综下对多晶石墨烯的原子结构在系统温度 $T=300\mathrm{K}$ 环境下平衡 200ps；然后，在 NVE 系综下对多晶石墨烯结构继续平衡 50ps；最后，在 NVE 系综下对多晶石墨烯平衡 1ns，收集原子的位置与速度计算微热流，进而计算热流的自相关函数，根据 Green-Kubo 函数得到热导率。由于 MD 模拟过程中数据的随机性，Green-Kubo 方法需要对多组模拟数据取平均值才可以得到热导率的收敛值，以 $L=5\mathrm{nm}$ 和 ROA$=5°$ 为例，多晶石墨烯至少需要 8 组数据才可以得到热导率的收敛值（如图 2.2 所示），因此本书对所有的多晶石墨烯模型都进行了 8 组独立的模拟，并取平均值作为相应多晶石墨烯的热导率。

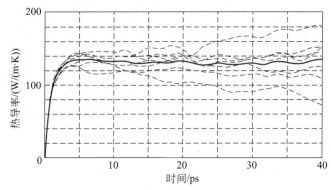

图 2.2   石墨烯的热导率-时间收敛曲线

利用 Green-Kubo 方法计算的晶粒尺寸为 5nm，晶粒取向为（0,5°,10°）的多晶石墨烯的热导率，虚线为每组 MD 模拟得到的热导率，实线为 8 组数据的平均值

2.3   多晶石墨烯热导率的计算结果

BTE 被广泛用于解决材料中以声子为载流子的热输运问题，因此基于 BTE 讨论多晶石墨烯热输运的主要因素。根据初始的 BTE，很难获得其解析解，为了获得 BTE 的解析解，可以利用单模态弛豫时间假设[112]，也就是假设每个声子的寿命与体系其他声子的寿命无关，求解 BTE。进而，可以将 BTE 化简为

$$\left(\frac{\partial f}{\partial t}\right)_{\mathrm{scattering}}=\frac{-f'}{\tau} \tag{2-1}$$

式中，f' 是体系在平衡状态下的分布函数，τ 是声子的寿命。声子在石墨烯中的 5|7 位错附近会发生散射，声子的寿命 τ 与缺陷密度 ρ、群速度，以及位错的影响区域的半径 r 满足下列关系式[113]：

$$\tau \propto 1/\rho v r \tag{2-2}$$

　　根据方程(2-2)与方程(1-6)，可以发现材料中的缺陷浓度越高，声子寿命越短，进而导致热导率越低。对于多晶石墨烯来说，材料中的缺陷浓度主要与石墨烯中的晶粒尺寸与晶粒之间的相对取向有关。因此，首先利用 MD 模拟研究多晶石墨烯中晶粒尺寸及晶粒间的相对取向对热导率的影响。

　　首先讨论晶粒尺寸对于多晶石墨烯热导率的影响。图 2.3(a)总结了 ROA=5°时不同晶粒大小对应的热导率数值，结果显示晶粒尺寸为 1nm 时，热导率为 60.76W/(m·K)，而晶粒尺寸增大为 5nm 时，热导率为 197.69W/(m·K)。随着晶粒尺寸增大，热导率会逐渐增大，并且热导率和晶粒尺寸之间的关系可以用线性方程拟合：$\kappa=26.67+35.24L$。作为对比，本书采用相同的方法计算得到纯石墨烯的热导率为 892.68W/(m·K)，晶粒尺寸为 1nm 时热导率降低了 93%。因此，纳米晶粒可以急剧降低石墨烯的热导率。晶粒尺寸越小，多晶石墨烯的缺陷越多，进而导致热流在多晶石墨烯的散射程度越厉害，多晶石墨烯热导率降低得也就越多。

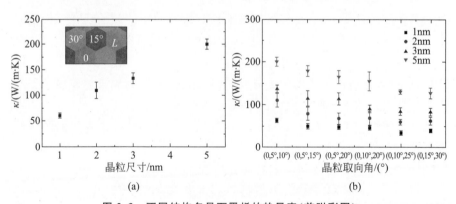

(a)　　　　　　　　　　　　(b)

图 2.3　不同结构多晶石墨烯的热导率(前附彩图)

(a) 不同晶粒尺寸的晶界角为(0,5°,10°)的多晶石墨烯的热导率；(b) 不同晶界角的多晶石墨烯的热导率，晶界角从左到右依次为(0,5°,10°),(0,5°,15°),(0,5°,20°),(0,10°,20°),(0,10°,25°)及(0,15°,30°)

　　在实验中，通过表征出不同晶界角的晶界上的位错浓度 ρ，发现晶界上

的缺陷浓度与晶界角满足弗兰克(Frank)方程，$\rho = 1/d = 2\sin(\theta/2)/|\boldsymbol{b}|$，式中，$\boldsymbol{b}$ 是伯格斯矢量，d 是晶界上两个临近位错的距离，θ 是晶界位错角[114]。为了定量研究晶粒取向的影响，本书计算了不同晶粒取向的多晶石墨烯的热导率。不同尺寸的多晶石墨烯热导率与晶粒取向角的关系见图 2.3(b)，可以发现多晶石墨烯相对取向角越大，热导率越低，并且与晶粒尺寸无关。以晶粒尺寸 $L=5\text{nm}$ 为例，当晶界角为 $(0, 5°, 10°)$ 时，多晶石墨烯热导率为 197.69W/(m·K)；当晶界角为 $(0, 15°, 30°)$ 时，热导率为 126.09W/(m·K)，也就是说相对晶界角从 5°增加到 20°时，热导率可以降低 36%。

2.4 多晶石墨烯的热流散射机制

根据 2.3 节对多晶石墨烯热导率的讨论，可以知道多晶石墨烯的热导率随着晶粒尺寸的增加而增加，随着晶粒相对取向角的增大而减小，也就是说热导率与多晶石墨烯的原子结构有紧密的联系。在本书的多晶石墨烯模型中，晶界是由一系列拓扑缺陷(5|7 对)组成的，可以将其看作位错的线性叠加(如图 2.1 所示)。因此，多晶石墨烯的性质主要依赖于晶界的性质，比如尺寸、缺陷密度等。位错及晶界对材料的力学性质和热学性质的影响在块体材料中已经有比较细致的研究[115, 116]。

基于连续介质理论，位错可以被看作三维空间中的一条线或二维空间中的一个点，其影响区域是局部的，区域的有效宽度可以定义为[116]

$$w = \gamma^2 |\boldsymbol{b}|^2 k/2 = \pi\gamma^2 |\boldsymbol{b}|^2/\lambda \qquad (2\text{-}3)$$

式中，k 和 γ 分别是声子的波矢与波长，γ 是一个描述材料低温阶段热膨胀率与温度关系的无量纲参数。由于接近位错核的区域，原子位移具有的奇异性导致弹性理论无法适用，可以根据瑞利散射理论估计晶界散射区域的宽度：

$$w = a(\Delta D/D)^2 (ka)^3 \qquad (2\text{-}4)$$

式中，a 是散射区域的半径，散射区域的密度会发生改变($D \sim D + \Delta D$)。尽管方程(2-3)和方程(2-4)的结果非常粗糙，但是也揭示了位错的一个基本性质，即晶界的影响区域是有限的并且相对于长波的声子是非常小的。如图 2.4 所示，Hao 等人[28]通过 MD 模拟计算了含有单个缺陷的石墨烯的应力分布与原子热流分布，可以发现单个缺陷对于应力及热流的影响的确只局限于一个有限的范围，这与前文的讨论一致。

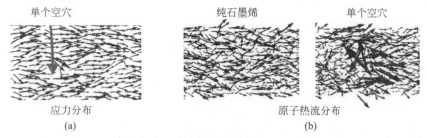

单个空穴　　　　　纯石墨烯　　　　　单个空穴

应力分布　　　　　　　　原子热流分布

(a)　　　　　　　　　　　(b)

图 2.4　含单个空穴缺陷的石墨烯的应力与原子热流分布

假设一个晶体包含由位错组成的一条晶界,此时若一个声子想跨过这条晶界,它就可能发现在晶界附近不能再以同样的群速度与能量沿同样的方向进行传播。也就是说,就像单个位错有一个有限的散射区域,晶界也会有一个有限的散射区域(假设其宽度为 w)。在晶界的有效散射区域内,材料不具有完美的晶体结构。为了发现晶界有效散射区域的更多细节及度量该区域的宽度,并探索多晶石墨烯晶粒尺寸及晶粒取向对热导率产生影响的内在因素,我们计算了整个多晶石墨烯热流的空间分布情况。

以晶界角 $(0, 5°, 10°)$ 的多晶石墨烯为例,不同晶粒尺寸的多晶石墨烯的热流分布如图 2.5 所示。多晶石墨烯的原子热流是通过 NEMD 模拟并对稳态下 10ps 的数据进行平均计算得到的。原子热流的表达式为 $J_i = e_i v_i - S_i v_i$,式中 J_i、e_i、v_i 和 S_i 分别是第 i 个原子的热流、动能、速度和原子应力。从图 2.5 中的热流分布可以看出,热流在晶界附近会发生剧烈的散射,但是在晶粒内部原子热流的分布与纯石墨烯中的热流分布相差无几。当晶粒尺寸增大时,散射区域所占的比例就会降低。因此,可以将多晶石墨烯分为两相:纯石墨烯相及晶界相,两者的性质相差很远。进一步,可以根据多晶石墨烯晶的有效宽度确定晶界相所占的比例 f_{GB},从而结合复合材料相关理论预测宏观晶粒多晶石墨烯的热导率。

为了应用有效介质理论,必须确定多晶石墨烯的晶界有效宽度 w。为了简化多晶石墨烯,以双晶界石墨烯为例研究晶界的有效宽度,双晶界石墨烯(晶界角 $15.4°$)的结构如图 2.6 所示。由于晶界的存在,声子跨过晶界时,会经历反射和投射,并且引起声子群速度及能量的变化以匹配两侧晶粒的取向。晶界的散射会对石墨烯的热导率产生重要的影响,为了定量地检测这种影响,我们利用 Green-Kubo 方法计算了双晶界石墨烯面内两个方向的热导率,发现垂直于晶界与平行于晶界方向的热导率分别为

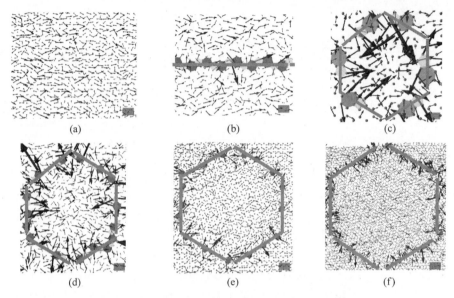

图 2.5　纯石墨烯与多晶石墨烯热流的空间分布情况

(a) 纯石墨烯,长度标尺为 0.49nm；(b) 双晶界石墨烯,温度梯度沿着晶界方向,长度标尺为 0.15nm；(c)~(f) 晶粒尺寸为 1nm,2nm,3nm 及 5nm 的晶界角为(0,5°,10°)的多晶石墨烯,长度标尺分别为 0.14nm,0.20nm,0.31nm 及 0.43nm

$\kappa_\perp = 122.03\text{W}/(\text{m}\cdot\text{K})$ 及 $\kappa_{/\!/} = 249.68\text{W}/(\text{m}\cdot\text{K})$。根据之前的讨论,将双晶界石墨烯同样分为两相,并假设垂直和平行于晶界的有效宽度分别为 $w_\perp$ 和 $w_{/\!/}$,垂直和平行于晶界的热导率分别为 $\kappa_{\text{GB}\perp}$ 和 $\kappa_{\text{GB}/\!/}$,结合有效介质理论,可以得到

$$\left(\frac{1}{\kappa_{\text{GB}\perp}} - \frac{1}{\kappa_{\text{G}}}\right)w_\perp = 0.07\text{nm}\cdot\text{mK/W} \tag{2-5a}$$

$$\left(\frac{1}{\kappa_{\text{GB}/\!/}} - \frac{1}{\kappa_{\text{G}}}\right)w_{/\!/} = 0.03\text{nm}\cdot\text{mK/W} \tag{2-5b}$$

从方程(2-5)可以看出,有效宽度的定义与晶界的热导率是耦合在一起的,这使得无法通过计算直接得到有效宽度。为了解决这个问题,可以假设晶界的热导率是各向同性的并将其定义为 $\kappa_{\text{GB}\perp}$ 和 $\kappa_{\text{GB}/\!/}$ 的平均值,即 $\kappa_{\text{GB}} = \frac{1}{2}(\kappa_{\text{GB}\perp} + \kappa_{\text{GB}/\!/})$。对于单个晶界,其有效宽度应该与热流的方向无关,因此,$w_\perp = w_{/\!/}$。基于以上的假设及方程(2-5),可以得到晶界的有效宽度为 $w = 0.59\text{nm}$。

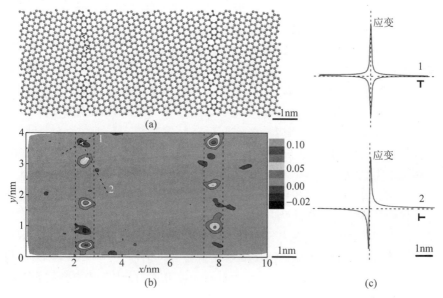

图 2.6   双晶石墨烯的应变分布（前附彩图）

（a）晶界角为 15.4°的双晶界石墨烯的原子结构；（b）利用 MD 方法计算得到的双晶界石墨烯的切应变的空间分布；（c）根据式(2-6)计算的单个位错引起的切应变场，方向如图(b)所示

除了应用热流及热导率的分析，还可以从石墨烯中晶界的应变场出发分析晶界的有效宽度。Ziman[27] 提出晶界取向角为 θ 的晶界可以看作由一系列位错组成，相邻之间的距离为 $d = |\boldsymbol{b}|/2\sin(\theta/2) = |\boldsymbol{b}|/\theta$，因此一条晶界的影响可以看作一系列位错影响的叠加。根据理论可知，对于一条沿 y 方向的相邻位错之间距离为 d 的晶界，引起的切应变可以表示为

$$\gamma_{xy} = \frac{|\boldsymbol{b}|}{2\pi(1-\mu)} \mathrm{Re}\left[\frac{\pi^2 x}{d^2} \mathrm{csch}^2 \frac{\pi(x+\mathrm{i}y)}{d}\right] \qquad (2\text{-}6)$$

式中，μ 是材料泊松比，x 与 y 表示位错的方向，如图 2.6 所示。当与晶界距离比较远时，切应变可以表示为位置 x 的函数：

$$\gamma_{xy} = \frac{|\boldsymbol{b}|}{2\pi(1-\mu)} \frac{4\pi^2 x}{d^2} \exp\left(-\frac{2\pi x}{d}\right) \qquad (2\text{-}7)$$

因此，切应变会随着与晶界距离的增加而指数减小并可以在距离 $x \gg d$ 时忽略不计。这里必须指出的是方程(2-7)是从刃位错中推导出来的，但可以用来定性分析石墨烯晶界的应变场的分布。尽管石墨烯的原子的离面位移会释放面内的应力与应变，但最近关于多晶石墨烯力学性质的研

究[98, 114, 117]表明,依然可以利用 MD 模拟对应变场作定量的分析。这也为利用 MD 模拟或实验手段测量石墨烯晶界的有效宽度提供了一种方法,利用这种方法,可以在不考虑热输运的情况下测量晶界的有效宽度。在 MD 模拟中,定义石墨烯的原子应变为 $\gamma_i = [(r_1 + r_2 + r_3)/3 - r_0]/r_0$,式中,$\gamma_i$ 是第 i 个原子的应变,r_1,r_2 及 r_3 分别是连接第 i 个原子的三个键的键长,$r_0 = 0.142$nm 是纯石墨烯的碳-碳键长。对于前文提到的双晶界石墨烯,通过 MD 模拟计算得到的切应变的空间分布情况如图 2.6(b)所示。从中可以看到,距离晶界较远的位置应变非常小,假设应变小于 5% 时可以忽略,进而可以得到晶界的有效宽度在 0.6~1.0nm,这与前文利用热导率计算的有效宽度 0.59nm 很相近,两者的一致性也说明了这两种方法的合理性。

仔细分析图 2.6 中不同尺寸晶粒的多晶石墨烯的热流分布,可以发现晶界附近发生散射的区域基本都是在 2~3 个晶格,经过测量可知散射区域宽度约为 0.7nm,结合前文对双晶界石墨烯的讨论,不失一般性,可以假设多晶石墨烯的晶界有效宽度 $w = 0.7$nm。接下来,在 2.5 节中会结合有效介质理论分析宏观晶粒尺寸的多晶石墨烯的热导率。

2.5   有效介质理论及其在多晶石墨烯中的应用

2.5.1   宏观晶粒尺寸的多晶石墨烯的热导率

由于计算资源的限制,MD 模拟只能用于计算纳米晶粒的多晶石墨烯的热导率,但是实验中生长的石墨烯的多晶石墨烯的晶粒尺寸大多在几百纳米甚至是微米量级,为了将本书中纳米尺度的热导率结果推广到微米等宏观尺度,引入有效介质理论(effective medium theory,EMT)来描述石墨烯的热导率。EMT 被广泛用于预测多相复合材料的力学与热学性质[118-120]。首先分析多晶石墨烯的晶界的热导率,根据前文不同晶粒取向的多晶石墨烯的热导率及其他文献的结果[109],不同晶粒取向的多晶石墨烯的晶界的热导率差异很小,比如晶界角为 21.7°的石墨烯的热导率只比晶界角为 5.5°的石墨烯的热导率小 15%;另一方面,在多晶石墨烯模型中,一共有三种类型的晶界,并且均匀分布于整个石墨烯模型中。因此,对多晶石墨烯的不同晶界并不加以区分。结合前文多晶石墨烯热流的空间分布情况,把多晶石墨烯分为两相:晶粒内部的纯石墨烯相作为体相及没有特定微观结构的晶界作为掺杂相,换言之,把多晶石墨烯看作一种二维复合材料。多晶石墨烯的热导率 κ 可以根据 EMT 进行预测:

$$\frac{1}{\kappa} = \frac{f_{GB}}{\kappa_{GB}} + \frac{1 - f_{GB}}{\kappa_G} \qquad (2\text{-}8)$$

式中，κ_G 与 κ_{GB} 是纯石墨烯与晶界的热导率，f_{GB} 是晶界掺杂相所占的比例，考虑到多晶石墨烯中的晶粒为六方晶格，根据几何关系可以得到晶粒尺寸为 L 的多晶石墨烯中晶界相所占的比例 $f_{GB} = (2\sqrt{3}\,wL - w^2)/3L^2$。结合晶界相所占的比例 f_{GB} 及 EMT(方程(2-7))，多晶石墨烯的热导率为

$$\kappa = \frac{\kappa_G}{1 + (\kappa_G/\kappa_{GB} - 1)f_{GB}} = \frac{\kappa_G}{1 + (\kappa_G/\kappa_{GB} - 1)(2\sqrt{3}\,wL - w^2)/3L^2}$$

$$(2\text{-}9)$$

可以看出，随着晶粒尺寸增大，热导率逐渐增大，并收敛于完美石墨烯的热导率 κ_G。与晶界相的关系式为 $\kappa = a/(1 + bf_{GB})$，式中，a 和 b 是待定参数，可以通过参数拟合得到。根据前文的讨论，取晶界的有效宽度 $w = 0.7\mathrm{nm}$，结合不同晶粒尺寸的多晶石墨烯的热导率，可以得到纳米晶粒多晶石墨烯热导率与晶界相所占比例的关系，如图 2.7 所示，利用公式 $\kappa = a/(1 + bf_{GB})$ 对图 2.7(a)进行拟合，得到参数为 $a = 719.67$，$b = 16.81$，以及相关系数 $R^2 = 0.99$。相关系数越接近 1，表示 MD 模拟得到的离散数据与方程(2-9)的理论符合得越好。因此，多晶石墨烯的理论模型为

$$\kappa = \frac{719.97 L^2}{L^2 + 5.60(2\sqrt{3}\,wL - w^2)} \qquad (2\text{-}10)$$

由于不同晶粒尺寸的多晶石墨烯的物理本质没有改变，因此根据方程(2-10)可以预测任意晶粒尺寸的多晶石墨烯的热导率。根据方程(2-10)，可以发现多晶石墨烯热导率随着晶粒尺寸的增加而增加，并收敛于 $719.97\mathrm{W/(m \cdot K)}$(相当于纯石墨烯热导率)。以晶界角为 $(0,5°,10°)$ 的多晶石墨烯为例，可以得到热导率随着晶粒尺寸变化的关系曲线，如图 2.7 (b)所示。对于双晶界石墨烯，Serov 等人同样得到了不同晶粒尺寸的多晶石墨烯的热导率[31]，相关结果如图 2.7(b)所示。本书的结果与 Serov 等人的结果在趋势上是一样的，但是，本书得出的六方晶格的多晶石墨烯热导率比双晶界石墨烯略高，这可能是由双晶界石墨烯中的位错密度、晶界角不同导致的。对于石墨烯等低维材料，可以在实验上采用拉曼光谱方法直接测量热导率。在最近的研究中[121]，科学家制备了平均晶粒尺寸为 $0.5\mu\mathrm{m}$，$2.2\mu\mathrm{m}$，$4.1\mu\mathrm{m}$ 的多晶石墨烯，并通过拉曼光谱方法测量了多晶石墨烯的热导率，发现在 T 约为 350K 时对应的热导率分别为 $(536.8 \pm 70.4)\mathrm{W/(m \cdot K)}$，

$(1901.8\pm414.1)\mathrm{W/(m \cdot K)}$，$(2039.9\pm401.2)\mathrm{W/(m \cdot K)}$。可以发现随着晶粒尺寸的增加，热导率确实增加，这与前文根据 EMT 预测的结果类似。

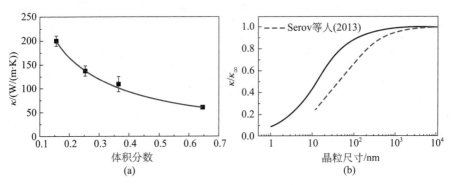

图 2.7　多晶石墨烯热导率的预测模型

(a) 晶界角为$(0,5°,10°)$的多晶石墨烯的热导率对晶界相所占比例 f_{GB} 的依赖性。利用有效介质理论对 MD 模拟的数据进行拟合可以得到：$\kappa=719.97/(1+16.81f_{GB})\mathrm{W/(m \cdot K)}$；(b) 不同晶粒尺寸的多晶石墨烯的热导率，虚线是 Serov 等人对双晶界石墨烯的热导率研究的结果[31]

　　根据图 2.7(b)，可以发现当多晶石墨烯的晶粒尺寸达到几百纳米时，多晶石墨烯的热导率与纯石墨烯的热导率相差很小(约 10%)。这说明石墨烯尺寸比较大的晶粒并不会对石墨烯的热输运造成很大影响，这也为 CVD 生长的多晶石墨烯在微纳米电子器件热耗散等领域的应用提供了重要的借鉴。需要指出的是[118-120]，在三维材料中应用有效介质理论分析纳米颗粒等的影响时，有效介质的尺寸与纳米颗粒的几何尺寸相当，甚至可以直接取为纳米颗粒的直径，但是在低维材料中，由于缺陷或晶界对声子散射的影响远大于三维材料中的纳米颗粒影响，因此，应用有效介质理论时，低维材料中有效介质的尺寸并不是晶界或缺陷的几何尺寸，而是其有效影响范围的尺寸，并且该范围要大于晶界或缺陷的几何尺寸，比如本书中多晶石墨烯晶界的有效宽度为 0.7nm，大于其几何宽度。

2.5.2　多晶石墨烯热输运的温度依赖性

　　在影响多晶石墨烯热导率的因素中，除了缺陷密度、晶粒取向、晶粒尺寸等微观结构之外，还有环境温度。首先，讨论纯石墨烯热导率的温度依赖性，从声子输运理论可以知道，声子的群速度 v 由石墨烯的色散关系决定，并不会随着温度的改变而改变[112]；声子平均自由程 l 随着温度的上升而线性递减，两者满足 l 与 T^{-1} 的正比关系[122]；声子的比热容 c 在低温阶段随着温度的增加而增加,满足 c 与 T^3 的正比关系,当温度接近德拜温度 T_D 时,会接近一个常数(对于石墨烯,T_D 约为 $1045K$)[123,124]。结合方程(2-4)及温度范围 $200\sim1000K$(接近石墨烯的德拜温度),可以得到石墨烯的热导率与温度应该满足 κ 与 T^{-1} 的正比关系。

接下来分析多晶石墨烯的热导率的温度依赖性。考虑多晶石墨烯不同的声子散射模式,可以将声子散射分为两类:一是晶粒内部的反转散射(umklapp scattering)(τ_U);二是晶界附近的界面散射(τ_{GB})。可以假设反转散射与界面散射是独立的,进而依据马西森定则可以得到多晶石墨烯的声子寿命 $\tau(k,\omega)$ 与这两类声子寿命的关系:

$$\frac{1}{\tau(k,\omega)} = \frac{1}{\tau_U(k,\omega)} + \frac{1}{\tau_{GB}(k,\omega)} \qquad (2\text{-}11)$$

式中,k 和 ω 分别是声子的波矢与频率。随着温度的上升,高能量声子会被热能激发进而增强反转散射[125],降低 τ_U[126];相反,随着温度的上升,界面散射会减弱,进而增加 τ_{GB}[109]。由于多晶石墨烯晶界相相对于纯石墨烯相是掺杂相,也就是说反转散射在多晶石墨烯的热输运过程中占主导作用,因此,多晶石墨烯的热导率应该随着温度的上升而降低,但由于晶界相的存在,热导率降低的趋势应该比纯石墨烯弱。结合前文关于石墨烯及多晶石墨烯热导率温度依赖性的分析,两者应满足 κ 与 $T^{-\alpha}$ 的正比关系,指数 α 可以作为标度因子度量热导率温度依赖性的强弱。

图 2.8 总结了晶界角为 $(0,5°,10°)$ 的多晶石墨烯不同晶粒尺寸在 $200\sim1000K$ 的温度依赖性,作为对比,同样总结了实验上测量的悬浮 CVD 生长的石墨烯的热导率[67]及双晶界石墨烯的热导率的温度依赖性[109]。可以发现所有的热导率均随着温度的上升单调递减,这也与前文的理论分析相吻合。对于纯石墨烯,MD 模拟给出的指数为 $\alpha=-0.96$,实验上测量的悬浮石墨烯给出的指数为 $\alpha=-1.03$,两者只有 7% 的差异并且均和理论上 $\alpha=-1$ 的结论非常接近,这从侧面说明了 MD 方法的合理性。当石墨烯存在晶界时,热导率的温度依赖性会显著减弱,比如双晶界石墨烯,指数为 $\alpha=-0.79$,这是由于双晶界石墨烯引入了晶界散射的声子模式,会减弱温度的依赖性。对于多晶石墨烯,发现指数 α 随着晶粒尺寸的增加而增加,其中 $\alpha_{L=1nm}=-0.26$,$\alpha_{L=5nm}=-0.32$。这主要是因为随着晶粒尺寸的增加,晶界相所占的比例逐渐降低,进而反转散射的作用更加明显,即温度依赖性越强,指数因子 α 越小。因此,由于晶界散射的存在,多晶石墨烯的温度依赖性比纯石墨烯弱,并且会随着晶粒尺寸的增加而增强。

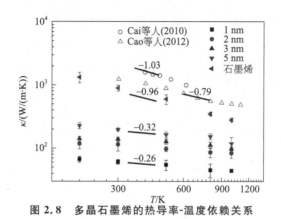

图 2.8　多晶石墨烯的热导率-温度依赖关系

不同晶粒尺寸的晶界角为 $(0,5°,10°)$ 的多晶石墨烯在不同温度下的热导率,空心圆圈是实验测量的 CVD-生长的石墨烯在不同温度下的热导率,空心三角是 MD 模拟的双晶界石墨烯在不同温度下的热导率

2.6　有效介质理论在 GO 中的应用

本书通过把晶界部分看作有效介质,利用 EMT 成功预测了多晶石墨烯的热输运过程,对于石墨烯的另一类重要的衍生物 GO 的热输运过程也同样可以应用 EMT 进行描述。GO[32, 127-130],是通过化学处理使羟基、环氧基、羰基等含氧官能团连在石墨烯上而形成的单原子层结构。当声子或振动模态在 GO 内传播时,会在含氧官能团的位点发生散射,进而降低热传导效率。根据前文的讨论得知,缺陷的散射对声子的影响只局限在一个有限的范围内,另一方面,含氧官能团是随机分布在 GO 内的,所以,同样可以把氧化官能团所在的位点附近区域看作一种有效介质,这样,GO 就被分成了两相:一是未被氧化的石墨烯相,另一个就是氧化相。假设 GO 内氧化官能团的含量为 $f_{GO}=n_O/n_C$,每个氧化官能团的影响范围设为半径为 $a(\text{Å})$ 的圆形区域,可以直接得到有限介质所占的比例为:$f=\pi a^2 f_{GO}/1.309$。所以,一旦得知氧化官能团的有效作用半径,再结合 EMT,就可以预测 GO 的热传导率:

$$\kappa = \frac{\kappa_G}{1+0.763(\kappa_G/\kappa_{GO}-1)\pi a^2 f_{GO}} \tag{2-12}$$

可以看出,随着氧化官能团含量增加,GO 的热导率会逐渐减小,为了描述不同氧化官能团的影响,经过简单的推导,可以定义一个 GO 热导率的减弱因子:

$$A = 0.763\pi a^2(\kappa_G/\kappa_{GO}-1) \tag{2-13}$$

式中，κ_{GO} 和 κ_G 分别是缺陷及完美石墨烯的热导率，由于缺陷的热导率与有效作用范围是耦合在一起的，所以无法单独求解出氧化官能团的有效范围 a，但是根据减弱因子同样可以有效分析 GO 不同的官能团产生的影响程度。

由于不同的氧化官能团与石墨烯的连接方式相差很大（比如羟基是通过一个 C—O 键连接，而环氧基却是通过两个 C—O 键连接的），所以不同的氧化官能团的有效作用半径是不同的。为了定量研究不同官能团的影响机制，本书采用 MD 模拟的方法，构建了含有单一氧化官能团的结构。如图 2.9 所示，本书考虑氧化官能团中羟基（—OH）、环氧基（—O—）、空穴缺陷（MV）及羰基对（CP）等四种常见缺陷的影响，为了探究氧化官能团团簇结构对热输运过程的影响，建立了如图 2.9(b)～(d) 所示的团簇结构。在 MD 模拟中，采用前文所述的 Green-Kubo 方法计算 GO 的热导率，如图 2.10 所示，可以发现随着氧化官能团含量 f_{GO} 的增加，GO 的热导率逐渐降低，但不同的氧化官能团造成的影响差异很大，比较同种氧化官能团离散和团簇两种结构的影响可以发现，团簇的结构对热导率的影响较小，这主要是由于氧化官

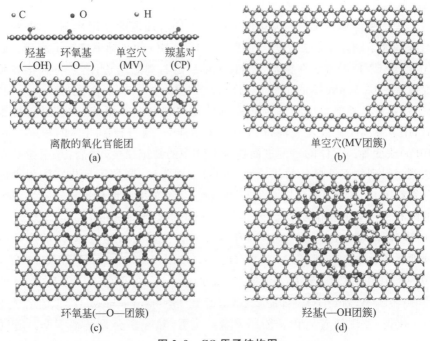

图 2.9 GO 原子结构图

(a) GO 中的典型缺陷：羟基、环氧基、空穴缺陷及羰基对；(b)～(d) 不同氧化官能团团簇的结构

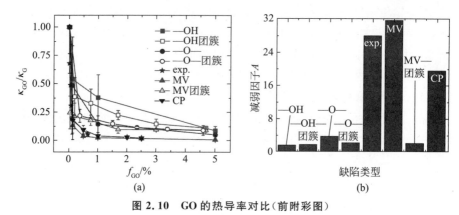

图 2.10　GO 的热导率对比（前附彩图）

（a）不同氧化官能团的 GO 的热导率及实验测量结果；（b）不同类型氧化官能团对应的
热导率减弱因子

能团的聚集会减小氧化官能团的作用范围。通过 EMT 拟合，可以得到不同的氧化官能团的减弱因子，发现 $A_{MV} > A_{CP} > A_{-O-} > A_{-OH}$，并且 A_{MV} 与 A_{CP} 远大于另外两种氧化官能团，预示着 MV 与 CP 有更大的影响范围。

为了验证通过 EMT 分析的 GO 的不同官能团的作用机制，本课题组与东南大学物理系倪振华教授课题组合作对 GO 的热导率进行了测量。首先，通过 CVD 的方法在铜箔上生长了单层的石墨烯结构；之后将碳化硅表面镀了一层 50nm 厚的金膜作为电极，并预先挖了一个直径为 $3.0\mu m$ 的孔；接着将生长的单层石墨烯转移到碳化硅基底上并覆盖整个孔洞；再然后，用氧等离子体处理先前得到的石墨烯样品，通过控制气体的压强（5～40Pa）改变等离子体的密度进而控制 GO 中的缺陷密度；最后，采用拉曼方法测量得到的 GO 样品的热导率。通过上述方法，制备了氧化官能团含量分别约为 0.08‰，0.4‰，0.6‰，1.0‰ 及 6.6‰ 的 GO 结构。对于本书获得的纯石墨烯，通过拉曼方法测得的室温下的热导率为 $(3.50\pm0.32)\times10^3 W/(m \cdot K)$，这与之前的实验结果相近[11, 67, 131]。相应的 GO 的热导率分别下降为 $(2.06\pm0.27)\times10^3 W/(m \cdot K)$，$(1.48\pm0.06)\times10^3 W/(m \cdot K)$，$(0.93\pm0.09)\times10^3 W/(m \cdot K)$，$(0.59\pm0.05)\times10^3 W/(m \cdot K)$ 及 $(0.16\pm0.06)\times10^3 W/(m \cdot K)$。如图 2.10(a) 所示，将实验结果与 MD 模拟的结果进行了比较，发现随着氧化官能团含量的上升，热导率会显著地下降。通过 EMT，同样分析了实验制备的 GO 的减弱因子，发现 A_{exp} 与 MV 和 CP 的减弱因子类似（A_{exp} 是利用方程（2-13）对实验测量结果拟合得到的减弱因子）。

为了具体研究实验中 GO 的氧化官能团结构,将氧等离子体改成 Ar^+ 等离子体去处理石墨烯,由于 Ar^+ 不会与石墨烯的碳形成共价键,只会形成含有空穴结构的 GO。根据前人的工作,得知石墨烯的拉曼光谱中的 D 峰与 D'峰的强度的比值($I_D/I_{D'}$)可以用来反映石墨烯的缺陷类型,比如 $I_D/I_{D'}$ 在 13 附近时对应的是 sp^3 类型的缺陷,而在 7 附近时对应的是 MV 类型的缺陷[132]。如图 2.11 所示,本书测量了氧等离子体与 Ar^+ 等离子体处理的石墨烯样品,对应的 $I_D/I_{D'}$ 比值分别约为 13.0 与 7.3,预示 GO 缺陷类型的确分别是 sp^3 类型的缺陷及 MV 类型的缺陷。而拉曼光谱中 D 峰与 G 峰的强度比值 I_D/I_G 可以反映 GO 缺陷的浓度。当将激光扫描的功率增加到约 0.2mW 时,Ar^+ 等离子体处理的 GO 的 I_D/I_G 急剧下降了约 75%,而氧等离子体处理的样品只下降了约 25%,这说明 GO 中的 MV 缺陷在较高激光功率下或长时间放置时会发生自愈现象。

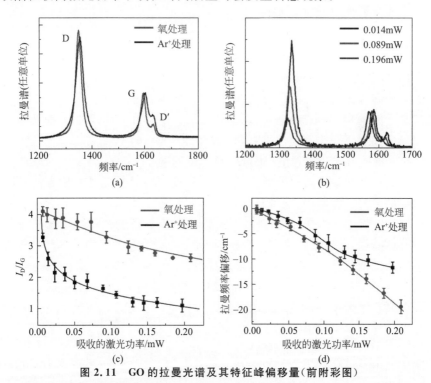

图 2.11　GO 的拉曼光谱及其特征峰偏移量(前附彩图)

(a) 氧等离子体及 Ar^+ 等离子体处理样品得到的 GO 的拉曼光谱;(b) Ar^+ 等离子体处理得到的 GO 在不同的激光吸收功率下的拉曼光谱;(c)~(d) 氧等离子体及 Ar^+ 等离子体处理样品得到的 GO 在不同激光吸收功率下的 I_D/I_G 比值及频率偏移量

实验中 GO 的减弱因子与 MD 模拟中 MV 和 CP 的减弱因子类似,且都远大于—OH 与—O—的减弱因子,说明实验使用的 GO 样品含有的主要缺陷有两类:MV 和 CP。但是,经过上述实验发现 GO 样品中 MV 缺陷在激光加热时会发生显著的自愈现象,说明利用氧等离子体处理得到的 GO 的缺陷类型中 MV 肯定不占主导,这就排除了 MV 缺陷对 GO 热输运过程的贡献。因此,可以确认实验使用的 GO 样品的主要结构是羰基对。所以说,结合 EMT 及不同氧化官能团的有效作用范围,可以预测不同氧化程度的 GO 的热导率;反之,根据 GO 热导率的变化关系,也可以推出 GO 的氧化官能团类型。

2.7   本章小结

本章以石墨烯为研究对象,通过 MD 模拟的方法,探讨了晶界及氧化官能团等缺陷影响低维材料热输运过程的机制与模型。

(1)通过分析不同晶粒尺寸及晶界取向的多晶石墨烯的原子热流分布,发现晶界对热流的散射局限在一个宽度约为 0.7nm 的空间内,进而结合有效介质理论将晶界看作有效介质,建立了预测不同晶粒尺寸的多晶石墨烯热导率的模型,根据模型发现当晶粒尺寸接近微米量级时,多晶石墨烯的热导率相对于完美石墨烯只减少了约 5%。

(2)根据有效介质理论,计算得到了不同的单一氧化官能团的减弱因子用于描述对热输运过程的影响,结合 MD 模拟与拉曼光谱实验方法发现在 GO 的多种官能团中,羰基对对热导率的影响最大。

(3)需要指出的是,由于缺陷在低维材料中的影响范围要大于三维材料,所以在低维材料中利用有效介质理论时,有效介质的尺寸并不是晶界或官能团的几何尺寸,而是其真实影响范围的尺寸。

以上结论对于理解缺陷对低维材料的热输运过程的影响有重要意义,并为多晶石墨烯及 GO 在纳米电子器件等领域的实际应用场景中的热管理和热设计提供了可靠依据。

第 3 章　无序度与振动模态局域化

3.1　本章引论

为了揭示材料热输运性质与微观结构之间的关系,第 2 章以多晶石墨烯和 GO 为例分析了低维材料中晶界、氧化官能团等缺陷对热流的散射机制及适用的模型。本章将探讨另一个更普遍的影响低维材料中热输运的因素:材料无序度。材料无序度是指材料中存在的无序结构的程度,如晶体材料是完全有序的,无序度为 0;非晶材料是完全无序的,无序度为 1。

为了描述材料输运性质与有序、无序之间的关系,科学家们提出了许多不同的模型,主要分为两类。完美的晶体材料具有晶格的平移对称性,因此可以应用声子的语言[36]。从平衡的晶体结构计算出的声子色散关系与相互作用参数,可以用于计算不同模态声子的比热容、群速度及声子寿命,进而根据玻尔兹曼声子输运方程可以推导热输运性质,并且热导率与温度满足 κ 与 T^{-1} 的正比关系。在另一个极端,非晶材料由于完全无序,声子语言无法适用,所有的振动模态都是局域的,相邻的高能量的局域振动模态之间热激发产生的热扩散可以用于描述非晶材料的热输运过程。虽然局域的声子模态无法进行长程的传递,但是可以携带一定的能量并通过热扩散进行能量输运,局域模态有限的热扩散率可以通过振动模态及相邻模态的转化率进行计算[37]。在晶体材料与非晶材料之间,即在无序度既不等于 0 也不等于 1 的材料之间,可扩展的振动模态与局域的振动模态会同时存在于材料中,并且单独用声子或局域的振动模态都无法描述材料的热量输运。对具有一定无序度的材料的热输运过程研究一直受限于结构的复杂性,同时强烈地依赖于微观结构的表征及材料无序度的可控程序。

相比于三维材料,材料无序度对低维材料的热输运过程有更显著的影响[39, 40]。最近,石墨烯、六方氮化硼、二硫化钼、双层二氧化硅等二维材料的实验合成及表征取得了明显的进展。对于石墨烯及双层二氧化硅等二维材料,已经可以利用实验的手段表征出晶体态、非晶态及其界面[41-45]。这些二维材料为研究材料无序度对低维材料热输运的影响机制提供了非常理想的平台[46,47]。本章将利用 MD 方法研究无序度对二维双层二氧化硅(2D bi-silica)热输运过程的影响机制,以及无序度与振动模态局域化之间的关系。首先介绍 MD 模拟与建模的细节;然后计算无序度对 2D bi-silica 热导率的影响;接着通过 Allen-Feldmann 理论、振动模态占有率及原子热流空间局域化等手段分析无序度与局域化的振动模态之间的关系;最后,深入讨论材料无序度对热输运机制的影响及如何建立合理的理论模型预测具有一定无序度材料的热输运过程。

3.2　二维双层二氧化硅的结构与计算方法

3.2.1　二维双层二氧化硅的原子结构

实验上利用化学气相沉积法在金属基底上生长出了单层及双层的二氧化硅结构[42]。单层二氧化硅薄膜会与金属基底形成共价键,而 2D bi-silica 结构却可以悬浮存在于金属基底上甚至独立存在[47]。晶体态与非晶态的 2D bi-silica 硅结构均可以稳定存在,并且都含有共享氧原子的 SiO_4 结构。最近的研究不仅可以表征出 2D bi-silica 晶体态与非晶态的界面,同样可以成功地、可控地激发与表征二氧化硅双层结构的缺陷形成及结构演化和相变。非晶态的 2D bi-silica 结构主要包含硅氧五元环及七元环两种缺陷,硅氧五元环与七元环的结构与石墨烯中的拓扑缺陷非常相似。

根据实验证据,本书首先创建了含有不同数目 5|7|7|5 Stone-Wales 缺陷的石墨烯结构,如图 3.1(a)所示,为了保证 5|7|7|5 Stone-Wales 缺陷在石墨烯中均匀合理地分布,对含有相同数目缺陷的石墨烯利用 MD 模拟进行优化,并改变缺陷的分布方式直到系统的总能量最低,进而得到最优的随机分布的含有一定数目 Stone-Wales 缺陷的石墨烯结构;根据石墨烯结构,可以按照一个碳原子对应两个硅原子和一个氧原子,以及一个碳—碳键对应两个氧原子的比例并根据晶格常数转化得到 2D bi-silica,如图 3.1(b)所示。在三维材料中,由于无序材料微观结构的复杂性,很难准确定义一个结构的无序度,但是在低维材料中,可以较为简单地描述结构的无序度。对于石墨烯和 2D bi-silica,系统中最小的元环有五元环、六元环和七元环三类,其中五元环和七元环代表无序的结构,六元环代表完美的结

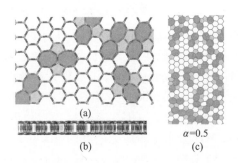

图 3.1　**2D bi-silica 的原子结构图（前附彩图）**

(a) 2D bi-silica 结构的俯视图，5│7│7│5 Stone-Wales 拓扑缺陷用黄色和天蓝色表示，红色表示氧原子，黄色表示硅原子；(b) 2D bi-silica 结构的侧视图；(c) 无序度 $\alpha = 0.5$ 的 2D bi-silica 的原子结构

构，因此，可以用最小元环中的五元环和七元环的比例来表示无序度 α：

$$\alpha = (N_5 + N_7)/N_{all} \tag{3-1}$$

式中，N_5，N_7 和 N_{all} 是系统中五元环、七元环及所有元环的数目。通过改变系统中 5│7│7│5 Stone-Wales 缺陷的数目，本书创建了无序度 $\alpha = 0.0$，0.1，0.2，0.3，0.4，0.5，0.6 及 0.7 的 2D bi-silica 结构。

3.2.2　热导率的计算方法

本章仍然采用 Green-Kubo 方法计算 2D bi-silica 的热导率[94]，计算的方程为 $\kappa_{xy} = \int_0^\infty \langle J_x(t) \cdot J_y(t) \rangle / k_B V T^2 \mathrm{d}t$，式中，$T$ 是系统温度，k_B 是玻尔兹曼常数，$V = Ad$ 是系统体积，A 是 2D bi-silica 的面积，$d = 0.63$nm 是 2D bi-silica 的厚度，J_x 和 J_y 是系统沿 x 和 y 方向的热流。由于 2D bi-silica 的六方对称性及缺陷的随机分布，2D bi-silica 面内热导率是各向同性的，因此本书中定义面内 x 和 y 两个方向的热导率的平均值作为多晶石墨烯的热导率（在本书 MD 模拟有限的系统中两个方向热导率相差小于 10%）。为了减小系统有限尺寸的影响，在 MD 模拟中对 2D bi-silica 采用周期性边界条件，并对不同无序度的样品采用相同尺寸的超晶胞（23.3×22.7nm²）。

关于 2D bi-silica 热导率的所有 MD 模拟都是通过 LAMMPS 软件包实现的[85]。Tersoff 势函数已经被广泛用于预测二氧化硅的热学和力学性质，并且与实验符合得很好，因此，本章采用 Tersoff 势函数描述氧原子与硅原子之间的相互作用[133-135]。在 MD 模拟过程中，时间步长为 0.1fs，系统温度设为目标温度 $T_0 = 200$K，300K，400K，500K，800K 和

1000K。首先,对 2D bi-silica 的原子结构在 NVT 系综下平衡 200ps,温度为目标温度 T_0;然后,在 NVE 系综下继续平衡 50ps;最后,在 NVE 系综下对多晶石墨烯平衡 1ns,并收集原子的位置与速度计算微热流进而计算热流的自相关函数,再根据 Green-Kubo 函数得到热导率。由于 MD 模拟过程中数据的随机性,Green-Kubo 方法需要对多组模拟数据取平均值才可以得到热导率的收敛值,因此本书中对所有 2D bi-silica 模型都进行了 8 组独立的模拟,并取平均值作为相应无序度的 2D bi-silica 的热导率。

3.3　晶体和非晶的二维双层二氧化硅的热输运

材料的热导率在连续介质理论水平可以通过动能关系进行描述:$\kappa = cv_g l/d$,式中,c 是材料比热容,v_g 和 l 是材料中声子的群速度和平均自由程,d 是材料的维数。声子的群速度既可以从声子色散关系计算得到,也可以从材料的弹性常数推导出来。为了研究无序度对 2D bi-silica 热导率的影响,本书首先利用 MD 模拟的方法研究 2D bi-silica 在单向拉伸下的力学响应。为了得到拉伸刚度,首先对 2D bi-silica 在 NVE 系综下进行平衡,然后沿面内 x 和 y 两个方向进行单向拉伸,由于 2D bi-silica 结构是各向同性的材料,本书取 x 和 y 方向的杨氏模量的平均值作为材料的杨氏模量。在图 3.2(a) 中总结了不同无序度的 2D bi-silica 的杨氏模量,可以发现杨氏模量随着无序度的增加而线性递减并可以用线性方程进行拟合:$Y_{mean} = 158.51 - 37.44\alpha \, \text{GPa}$。根据杨氏模量与声速的关系 $v_s = \sqrt{(Y_{mean}/\rho)}$,式中 $\rho = 2500 \, \text{kg/m}^3$ 为 2D bi-silica 的质量密度。已知随着无序度增加,声速单调递减;另一方面,由于 2D bi-silica 中缺陷的存在,声子的平均自由程会显著减小。因此,根据前述的动能关系,可以预测 2D bi-silica 的热导率会随着无序度的增加而逐渐降低。

为了验证 EMD 方法的合理性,首先采用 Green-Kubo 方法计算三维非晶二氧化硅及晶体二氧化硅沿 c 轴的热导率,结果分别为 1.6W/mK 和 8.5W/m·K,两者均与最近关于非晶和晶体二氧化硅的实验结果相吻合[136-138](图 3.2)。MD 模拟结果与实验结果的一致性,说明了 Green-Kubo 方法研究 2D bi-silica 体系的合理性。为了研究材料无序度对热输运机制的影响,本书进一步利用 MD 方法计算了不同无序度的 2D bi-silica 的热导率,如图 3.2(b) 所示。从图 3.2 的结果可以看出,随着无序度的增加,热导率逐渐减小,并与前文根据拉伸刚度推导出的结论一致。比较二维和三维的晶体态二氧化硅的热导率,可以发现 2D bi-silica 热导率高于三维结构,这也与石墨烯(二维)和金刚石(三维)热导率的关系一致,体现了低维材料的维度特性。

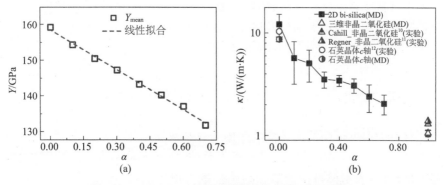

图 3.2　2D bi-silica 的杨氏模量及热导率(前附彩图)

(a) 2D bi-silica 杨氏模量与无序度的关系,并利用线性关系拟合杨氏模量;(b)三维二氧化硅晶体态和非晶态及不同无序度 2D bi-silica 的热导率,并与最近的实验结果相比较

在晶体材料中,声子是热输运的载流子,并且随着温度的上升,声子群速度逐渐降低,进而材料热导率降低;而在非晶材料中,相邻局域振动模态之间的热扩散是热输运的主要方式,并且随着温度上升,热扩散率升高,导致热导率升高。也就是说,晶体材料与非晶材料中,热导率的温度依赖性是完全相反的。为了探究无序度对材料能量输运机制的影响,利用 MD 方法计算了不同无序度的 2D bi-silica 在 $200\sim1000\mathrm{K}$ 的热导率,结果如图 3.3所示。对于无序度 $\alpha=0$ 的 2D bi-silica,热导率随着温度上升而降低,符合热传导在晶体材料中的性质,并且与实验及理论上关于石墨烯[139]、单晶/多晶硅[140, 141]的结果一致。随着无序度从 0 增加到 0.3,材料平移对称性

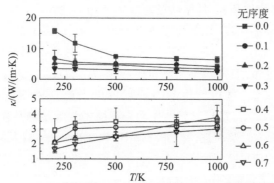

图 3.3　不同无序度的 2D bi-silica 的热导率对温度的依赖性(前附彩图)

被破坏及声子在缺陷附近发生额外的散射,热导率的温度依赖性逐渐减弱,但是热导率仍然随着温度的上升而降低。然而,当无序度超越 0.3 时,热导率的温度依赖性发生了反转:随着温度上升,热导率开始上升,并且温度依赖性随着无序度的增大而逐渐增强。这种正相关的温度依赖性已经在非晶硅[142]、非晶二氧化硅[143]等材料中被广泛发现。

3.4　振动模态的局域化及相关的理论研究

材料中温度依赖性的转变反映的是材料热输运机制的改变:负的温度依赖性,表示材料中的热输运是声子主导的,体现的是晶体态的性质;正的温度依赖性,表示材料中的热输运是扩散子主导的,体现的是非晶态的性质。本节将从 Allen-Fendman 理论[144]、声子模态局域化及热流局域化等多个角度分析无序度对热输运机制的影响,并深入探讨局部无序材料的能量输运机制。

3.4.1　Allen-Feldman 理论

对于具有一定无序度的材料,热传导过程中会同时存在声子与扩散子两种热量传递方式,因此,可以将整体的热导率写为

$$\kappa = \kappa_P + \kappa_D \tag{3-2}$$

式中,κ_P 是声子贡献的热导率,κ_D 是扩散子贡献的热导率。声子贡献的热导率可以从不同模态声子的比热容、振动态密度等推导得出[36, 38]

$$\kappa_P = \frac{1}{V} \int_0^{\omega_C} f(\omega) c(\omega) D(\omega) \mathrm{d}\omega \tag{3-3}$$

式中,V 是材料的体积;ω 是振动模态的频率;f,c 和 D 分别是频率为 ω 的振动模态的振动态密度、比热容及热扩散率。ω_C 是声子的截断频率,也就是说当模态频率小于 ω_C 时,为声子模态,反之,为局部振动模态。声子的热扩散率与声速 v_s 及声子寿命 $\tau(\omega)$ 的关系为[38] $D(\omega) = v_s^2 \tau(\omega)/3$。

对于声子来说,材料的振动态密度可以由德拜模型进行描述,其中 $f(\omega) = 3V\omega^2/2\pi^2 v_s^3$,根据材料的振动态密度是否满足德拜模型,可以确定材料的截断频率 ω_C 及声速 v_s。根据 MD 模拟的结果,以及计算原子速度的自相关函数的傅里叶变换来计算二氧化硅的振动态密度,二氧化硅原子速度的自相关函数为 $Z(t=n\Delta t) = \langle v_i(t_0) \cdot v_i(t_0 + n\Delta t) \rangle_{i,t_0} = \sum_N \sum_M (v_i(t_0) \cdot$

$v_i(t_0+n\Delta t))/M/N$，式中，N 为原子个数，M 为时间间隔为 $n\Delta t$ 时速度组合的个数，Δt 为时间步长，t_0 为初始时刻，$v_i(t_0)=(v_x(t_0),v_y(t_0),v_z(t_0))$ 是第 i 个原子的速度矢量，进而根据速度自相关函数经过傅里叶变换可以得到材料的振动态密度：

$$f(\omega)=\int_0^{+\infty} \mathrm{e}^{-\mathrm{i}\omega t}Z(t)\mathrm{d}t \qquad (3\text{-}4)$$

　　无序度为 0.5 的 2D bi-silica 的速度自相关函数及振动态密度如图 3.4(a)所示，根据德拜频率可以得到截断频率为 $\omega_C=2.1\times10^{12}\,\mathrm{rad/s}$，从图 3.4(b)可以清晰地看出当振动频率低于截断频率 $\omega_C=2.1\times10^{12}\,\mathrm{rad/s}$ 时，振动态密度较好地符合德拜模型，反之则会出现明显的偏移和高阶项。根据图 3.4(b)可以获得线性段的斜率 B，根据斜率 B 及德拜模型可以得到材料的声速为 $v_s=2\pi^2B/3V$。由于不同无序度的二氧化硅微观结构不同，声子态密度也有差异，截断频率与声速也均不同。不同无序度的截断频率及声速见表 3-1。

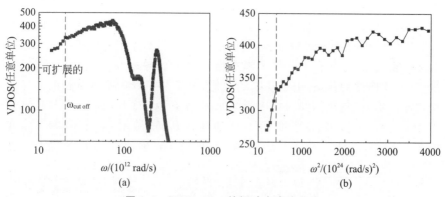

图 3.4　2D bi-silica 的振动态密度分布

(a) 无序度为 0.5 的二维双层二氧化硅材料的振动态密度；(b) 根据是否符合德拜模型可以确定截断频率

表 3-1　不同方法得到的 2D bi-silica 的声速　　　　　　　m/s

α	0.0	0.1	0.2	0.3	0.4	0.5	0.6	0.7
Modulus*	7980.1	7853.2	7748.0	7662.5	7553.1	7465.1	7377.5	7213.4
VDOS*	6493.3	5944.4	7016.3	7360.9	5391.7	5732.1	5678.0	5661.0

　　注：Modulus* 代表利用杨氏模型与密度的关系得到的声速；VDOS* 代表利用德拜模型近似的方法得到的声速

类似于声子部分贡献的热导率,局域的模态或扩散式的模态贡献的热导率同样可以根据局域模态的比热容及热扩散率计算得到[142, 145]

$$\kappa_{D} = \frac{1}{V} \sum_{\omega > \omega_{C}} c(\omega_{i}) D(\omega_{i}) \qquad (3-5)$$

式中,比热容的量子表达式[27]为 $c(\omega_{i}) = k_{B} \{ \hbar\omega_{i} / [2k_{B}T \sinh(\hbar\omega_{i}/2k_{B}T)] \}^{2}$, k_{B} 是玻尔兹曼常数,$\hbar$ 是约化的普朗克常数,T 是系统温度,ω_{i} 是第 i 个局域化模态的振动频率。局域模态的热扩散率可以根据 Allen-Feldman 理论得到[37]:

$$D(\omega_{i}) = \frac{\pi V^{2}}{\hbar^{2} \omega_{i}^{2}} \sum_{j \neq i} |S_{ij}|^{2} \delta(\omega_{i} - \omega_{i}) \qquad (3-6)$$

式中,S_{ij} 是第 i 个模态与第 j 个模态之间的耦合热流,并可以根据模态频率及两个模态之间的空间耦合进行计算,δ 是克罗内克符号。

通过计算可传播及可扩散的振动模态所贡献的热扩散率及热导率,可以得到材料的整体热导率,同时定义一个比例因子 $\eta = \kappa_{P}/(\kappa_{P} + \kappa_{D})$ 来描述扩散式模态对整体热导率的贡献比例。尽管 Allen-Feldman 理论是基于非晶材料发展起来的,依然可以根据德拜模型定义截断频率来得到不同无序度的 2D bi-silica 材料的热导率。如图 3.5(a)所示,本书计算了不同无序度的 2D bi-silica 的声子及扩散式模态所贡献的热导率及比例因子,可以发现,随着无序度的升高,由于缺陷的散射,声子及扩散式模态贡献的热导率均逐渐降低,但是比例因子却逐渐增加,也就是说声子所贡献的热导率部分逐渐减少,比如当无序度为 0.5 时,η 从 50% 增加到了 90%。在图 3.5(b)中,总结了 MD 方法与 Allen-Feldman 理论计算的不同无序度

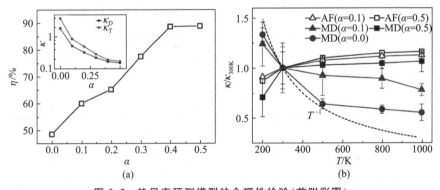

图 3.5   热导率预测模型的合理性检验(前附彩图)

(a) 扩散式模态贡献的热导率所占的比例,插图总结了利用 Allen-Feldman 理论得到的声子及局域化振动模态所贡献的热导率;(b) MD 模拟与 Allen-Feldman 理论的比较

2D bi-silica 热导率的温度依赖性,可以发现:当 $\alpha=0$ 时,二氧化硅是晶体材料,温度依赖性符合 T^{-1} 的关系;当 $\alpha=0.1$ 时,MD 模拟与 Allen-Feldman 理论给出的温度依赖性是相反的,说明材料的性质是晶体主导的(Allen-Feldman 理论不适用于晶体材料);当 $\alpha=0.5$ 时,MD 模拟与 Allen-Feldman 理论给出的温度依赖性是相同的,并且有很好的一致性,说明材料的性质是非晶主导的。比例因子的变化与 MD 模拟得到的热导率的温度依赖性趋势一致,说明随着无序度的增加,材料性质的确会发生转变,能量输运模式也会由声子主导转变为扩散式模态主导。

3.4.2　低维材料中振动模态的局域化

在块体材料中,声子是在三维空间中输运的,当振动模态大于一定的频率时,模态不能输运到很远的地方,会局限在一个尺寸有限的空间中(几个晶格常数大小)。对于三维材料,热量主要依靠声学支及低能量的光学支等振动模态进行输运,但是,当材料的维度从三维减小为二维甚至一维时,标度理论预测所有的振动模态均有可能由于缺陷的存在而发生局域化[39, 40, 146]。

为了描述声子或振动模态是否是局域的,可以根据二氧化硅不同频率模态的正则特征根计算不同频率模态的占有率[147, 148]:

$$p_\beta(\omega) = \frac{1}{3N_\beta} \frac{\left[\sum\limits_{i \in \beta}^{N_\beta} \sum\limits_{\mu} [\nu_{i\mu}(\omega)]^2\right]^2}{\sum\limits_{i \in \beta}^{N_\beta} \sum\limits_{\mu} [\nu_{i\mu}(\omega)]^4} \tag{3-7}$$

式中,β 是原子类型,比如 Si 和 O,N_{Si} 和 N_O 分别是系统中 Si 原子和 O 原子的个数,ω 是振动模态的频率,$\mu=[x, y, z]$,$\nu_{i\mu}$ 是第 i 个原子的 μ 方向正则特征根的分量。对于一个频率为 ω 的模态,当占有率 p 大于一个临界值 p_{cr} 时,该振动模态是可扩展的或是声子,反之,是空间局域化的。本书中,振动模态是否局域化的临界占有率取为 $p_{cr}=1/N^{1/2}$,这个准则在前人对电子局域化的研究中多次用到,并证实有效[18, 147]。为了计算振动模态占有率,首先利用晶格动力学软件 GULP 计算各个正则模态,在 GULP 计算中势函数选取与 MD 模拟中相同的 Tersoff 势函数,系统的体系大小也选取与 MD 模拟中相同的尺寸,然后再根据方程(3-7)计算不同振动模态的占有率,结果如图 3.6 所示。在图 3.6 中,我们绘制了晶体二氧化硅及无序度为 0.5 的 2D bi-silica 的不同振动模态的占有率,可以发现:当 $\alpha=0$ 时,占有率的值大部分都大于临界值 p_{cr},说明振动模态大部分是可以扩展的;

当 $\alpha = 0.5$ 时,占有率在振动频率大于 $500\,\mathrm{cm}^{-1}$ 时会急剧减小,并且大部分模态的占有率是小于临界值的,说明大部分模态是局域化的。

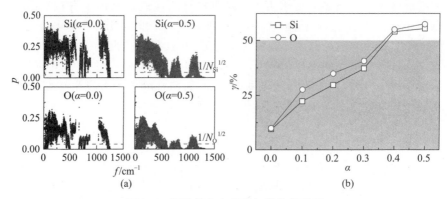

图 3.6　振动模态占有率与结构的关系

(a) 无序度为 0 和 0.5 的 2D bi-silica 的占有率,虚线表示的是振动模态是否局域化的临界值 $p_{\mathrm{cr}} = 1/N^{1/2}$;(b) 不同无序度对应的局域化因子 $\gamma = M_{p<p_{\mathrm{cr}}}/M_{\mathrm{all}}$

为了描述材料中振动模态的局域化程度,可以定义一个局域化因子 $\gamma = M_{p<p_{\mathrm{cr}}}/M_{\mathrm{all}}$,式中,$M_{\mathrm{all}}$ 是所有振动模态的数量,$M_{p<p_{\mathrm{cr}}}$ 是占有率大于 p_{cr},也就是局域化的模态的数量。利用局域化因子可以定量地刻画无序度对于振动模态局域化的影响,如图 3.6 所示,计算了不同无序度对应的 Si 原子与 O 原子的局域化因子,可以发现,随着无序度增加,Si 原子或 O 原子的局域化因子均逐渐增加,比如当 $\alpha = 0$ 时,$\gamma = 11\%$,$\alpha = 0.5$ 时,$\gamma = 57\%$。由此发现当无序度为 $0.3 \sim 0.4$ 时,局域化的振动模态比例会大于 50%,也就是说能量输运的模式会由声子主导转化为局域化振动模态主导,该结果与前文中利用 MD 模拟得到的温度依赖性转变点及 Allen-Feldman 理论得到的扩散式振动贡献的热导率比例转变点是一致的,三者的一致性进一步说明无序度对于能量输运模式的影响是通过影响振动模态的局域化情况来实现的。

3.4.3　低维材料中热流的局域化

在二维材料中,除了振动模态会发生空间的局域化之外,能量输运的过程中也可能发生空间局域化,因此利用 NEMD 模拟的方法计算了 2D bi-silica 原子的热流空间分布。如图 3.7(a) 所示,在模拟过程中,中间 1nm 宽的条带为热源,温度固定为 325K,而一端的 1nm 条带为热降,温度固定为

275K。为了减小样品的尺寸效应,在面内两个方向均采用周期性边界条件,在垂直面内方向采用开放边界条件,当温度梯度达到稳态后,利用 10ps 的数据的平均热流进行后续的分析。为了比较不同无序度 2D bi-silica 的热流分布,利用每个样品中的最大热流值进行归一化,即定义归一化的热流 $J_{i-nor}=(|J_i|-\langle|J|\rangle)/|J_{max}|$,其中$|J_i|$为第 i 个原子的热流的模,$|J_{max}|$为整个体系中热流的最大值的模,$\langle J\rangle$为整个系统中热流模的平均值。为了方便绘制热流分布图,选取了一个观察窗来观测热流的空间分布情况,观察窗如图 3.7(a)所示。如图 3.7(b)所示,绘制了无序度为 0、0.1、0.3 和 0.7 的 2D bi-silica 归一化热流空间分布情况,同时在图中标注出了 5│7│7│5 Stone-Wales 缺陷的空间分布情况。可以发现,当 $\alpha=0$ 时,热流的分布相对比较均匀;当 $\alpha=0.1$ 时,由于 5│7│7│5 Stone-Wales 缺陷的存在,热流开始在位错处发生散射;当 $\alpha>0.3$ 时,热流会发生剧烈的散射,并且呈现空间的不均匀性及局域化。

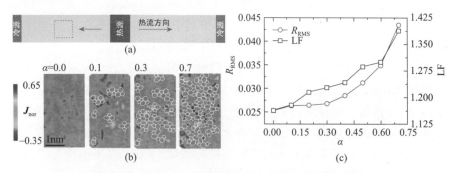

图 3.7　2D bi-silica 的面内热流分布情况(前附彩图)

(a) 计算热流时 2D bi-silica 的温度设置及热流方向,同时选取虚框内的原子热流进行后续分析;(b) 不同无序度二氧化硅的热流空间分布情况;(c) 热流空间分布的粗糙度及局域化因子与材料无序度的关系

为了描述热流空间分布的不均匀性,采用图像处理的方法计算图像的粗糙度,热流空间分布的粗糙度 R_{RMS} 定义为

$$R_{RMS}=\sqrt{\sum_{i=1,N}J_i^2/N} \tag{3-8}$$

粗糙度可以初步反映热流空间分布的不均性,结果如图 3.7(c)所示,可以发现当无序度从 0.0 增加到 0.7 时,粗糙度从 0.025 逐渐增加到了 0.043,在一定程度上反映出由于 5│7│7│5 Stone-Wales 缺陷引起的热流分布的不均匀性,但是很难反映热流是否局域化。为了探讨热流是否在

空间上有局域化的表现,可以进一步分析热流空间分布的局域化因数 LF[149]。对于具有一定无序度的 2D bi-silica,热流的强度为 $\boldsymbol{J}_{i\text{-nor}}(i=1,\cdots,N)$,首先定义热流空间分布的填充因子 $q=D/N$,式中,D 是热流的平方和的倒数,即 $D=1/\sum_{i=1,N}\boldsymbol{J}_i^2$。对于空间热流分布,我们还可以定义分布的熵,即

$$S_1 = \sum_{i=1,N} \boldsymbol{J}_{i\text{-nor}} \log \boldsymbol{J}_{i\text{-nor}}, \quad S_n = \frac{1}{1-n} \log \left(\sum_{i=1,N} \boldsymbol{J}_{i\text{-nor}}^n \right) \tag{3-9}$$

结构熵 S_1 与 S_2 之间的差异可以反映出结构的分布情况,因此可以定义结构熵为

$$S_{\text{str}} = S_1 - S_2 = S_1 - \log D \tag{3-10}$$

根据结构熵及空间填充因子定义一个误差函数:$E(\varepsilon) = [S_{\text{str-MD}}(q) - S_{\text{str-exp}(-x^\cdot \varepsilon)}(q)]^2$,利用最小二乘法可以找到使误差函数最优的 ε 值,该 ε 值即是空间热流分布的局域化结构因子,局域化因子 $\varepsilon=0$ 和 ∞ 时对应的是完全均匀的及完全离散垂直的分布特性。采用上述方法,计算了不同无序度下 2D bi-silica 热流空间分布的局域化因子,如图 3.7(c)所示。从图中可以发现,当无序度从 0.0 增加到 0.7 时,局域化因子从 1.175 逐渐增加到了 1.4,反映出随着无序度的增加,热流空间分布的局域化程度逐渐升高。综上所述,发现随着无序度逐渐增加,热流会在 5|7|7|5 Stone-Wales 缺陷处发生散射,导致分布的粗糙度及局域化因子增大,说明具有一定无序度的材料,热流会出现局域化现象。热流的局域化现象,本质上是振动模态的局域化,反映出能量输运模式由以声子主导转为以局域化振动模态主导。热流的局域化会导致材料的能量输运效率降低,进而引起材料热导率降低,同时导致能量输运模式的改变,这与前文关于振动模态的局域化及无序度对热导率的影响分析是一致的。

3.4.4　局部无序材料的热输运模型的讨论

对于完全有序的晶体材料(无序度为 0),能量输运的载流子主要是声子,进而可以根据方程(3-3)求解能量输运效率;对于完全无序的非晶材料(无序度为 1),能量输运主要由局域化的振动模态之间的热扩散完成,可以根据方程(3-5)求解能量输运效率。但是,对于介于晶体材料和非晶材料之间的情形,也就是无序度为 0~1 时,材料的能量输运模式既包括声子又包括局域化的振动模态之间的热扩散,两者很难界定。对于这种材料,一种简

单的方法就是按照前文中的振动模态的占有率判定振动模态是声子类型还是局域化的类型,符合声子类型的振动模态利用方程(3-3)求解,符合局域化模态的利用方程(3-5)求解,这样遍历全部的模态就可以得到整个材料的热导率。但是,这种方法具有很大的局限性,因为对于单个的模态很难定义其群速度或相邻模态的热扩散率,所以本章利用 Allen-Feldman 理论求解材料热导率时,引入了一个截断频率,小于截断频率的认为是声子,反之则是局域化的振动模态。需要注意的是,本章讨论的主要是晶格振动导致的能量输运,并未考虑电子的贡献,因为对于半导体材料,振动模态贡献的热导率要远远大于电子贡献的热导率[150]。

3.5　本章小结

本章利用 MD 模拟的方法研究了 5|7|7|5 Stone-Wales 缺陷引起的材料无序度对于 2D bi-silica 热输运过程的影响机制,发现:

(1)当无序度小于或等于 $\alpha_{cr} = 0.3$ 时,热导率随着温度的升高而降低,当无序度大于 α_{cr} 时,热导率随着温度的升高而升高,并且当无序度水平接近 α_{cr} 时,热导率的温度依赖性逐渐减弱。

(2)通过 Allen-Feldmann 理论、振动模态的占有率及原子热流的空间局域化程度等多种手段分析了无序度的影响,发现无序度主要通过引起材料中的振动模态的局域化来影响材料的热输运过程,并且均存在一致的临界无序度 α_{cr}。

(3)当无序度较低时,材料内的振动模态以声子或可扩展的振动为主导,表现出晶体的性质;当无序度较大时(大于临界无序度 α_{cr}),材料内的振动模态以局域化的振动模态为主导,表现出非晶体的性质。

以上结论揭示了低维材料中无序度与振动模态局域化之间的联系,以及无序度影响热输运过程的机制。对于具有一定无序度的材料,声子的群速度及传播方向或局域化模态的热扩散率均很难定义,并且两种模式均可以传输热量,采用本章介绍的研究手段,比如热导率温度依赖性、扩散式模态贡献的热导率比例、振动模态的局域化、热流的局域化等可以有效地分析材料热输运的机制,并为相关的理论研究与实际应用提供非常重要的理论基础。

第4章　弱耦合界面与扩散式输运模型

4.1　本章引论

前两章主要讨论了低维材料自身的微观结构(比如缺陷、晶界、化学官能团或材料无序度)对于其面内热输运过程的影响机制及模型。但是,石墨烯等低维材料在实际应用场景中会与其他材料形成界面,由于低维材料的特性,其界面对热输运过程的影响将远大于在块体材料中的影响。因此,探讨界面对热输运过程的影响对于低维材料的应用具有十分重要的意义。

低维材料在微纳米领域具有十分广泛的应用,在实际应用场景中可以形成不同种类的界面,比如石墨烯、碳纳米管等低维材料由于其独特的力学与电学特性,可以作为新型电子传感器的沟道材料,根据基底的不同可以形成不同的界面,如石墨烯/碳化硅、石墨烯/铜等界面;由于低维材料面外的弯曲刚度较低,如果想在实际环境中应用低维材料,通常会将其转移到其他金属或柔性基底材料上,此时就会形成低维材料与其他基底的界面,如石墨烯/铜、石墨烯/PDMS等;应用以石墨烯等为基本单元组成的生物传感器探测生物细胞特性时,还会形成石墨烯与细胞膜组成的生物纳米界面;同时,由于环境湿度的影响,在转移石墨烯的过程中,石墨烯与其他基底之间会不可避免地插入水分子层(intercalated water layer,IWL),此时就会形成石墨烯/IWL/基底的混合界面。由此可见,界面广泛存在于石墨烯等低维材料的实际应用场景中,并对其在应用过程中实现相应的功能具有十分重要的影响。

经过简单分析,可以看出上述界面有一个共同的特性,就是石墨烯与其他材料或IWL之间的主要相互作用是范德华力,由于范德华力是一种相对较弱的相互作用,可以说,这些界面都属于弱耦合界面。IWL的存在会改变石墨烯与基底之间的空间距离,并影响弱耦合界面的分子结构,进而影响穿过界面的热输运过程。因此,研究弱耦合界面的热输运机制及IWL对弱耦合界面热输运过程的影响,对于石墨烯等低维材料在纳米电子器件、生物传感器等领域的应用具有显著的意义。

本章通过 MD 模拟的方法,首先研究了 IWL 对石墨烯/IWL/金属基底界面的电学、热学性质的影响,并通过扩散式输运模型分析了 IWL 对界面热输运过程的作用机制;然后研究 IWL 对石墨烯/IWL/细胞膜界面的热输运过程的调控作用,并基于扩散式模型建立了预测生物纳米界面热输运和热耗散的理论模型;最后,讨论了弱耦合界面的热输运机理及扩散式模型的应用范围。

4.2　石墨烯/铜基底界面与扩散式热输运过程

4.2.1　石墨烯/铜基底界面的构建与结构优化

4.2.1.1　界面结构

石墨烯可以通过多种方法获得,比如机械剥离[10]、在金属或绝缘材料表面进行化学气相沉积法生长[151, 152],或对碳化硅热分解[153]。但是,在石墨烯生长完成之后,必须将石墨烯转移到其他的金属或柔性界面上才能获得进一步的应用。石墨烯可以和多种金属基底组成界面,根据基底与石墨烯的相互作用可以分为两类:一类是两者相互作用较弱,如 Al,Cu,Ag 和 Au 等金属;另一类是两者相互作用较强,如 Co,Ni 和 Pd 等[154, 155]。由于 Cu 和 Ni 的(111)面具有和石墨烯类似的晶格结构,并且在石墨烯外延生长及纳米电子器件领域具有广泛的应用,因此,本章选取 Cu 和 Ni 的(111)面作为金属基底的代表研究金属/石墨烯界面的热输运过程。如图 4.1(a)所示,根据石墨烯内的 A 原子和 B 原子与 Cu 表面三层原子的重叠情况,可以将界面分为三种不同的类型[156]:top fcc(A,B 与 1,3 层重合),top hcp(A,

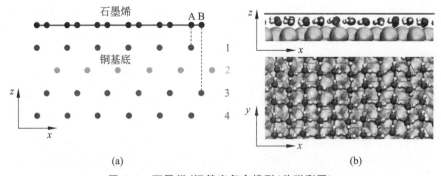

图 4.1　石墨烯/铜基底复合模型(前附彩图)

(a) 石墨烯与铜(111)面之间的三种不同界面;(b) 石墨烯/铜基底之间的 IWL 示意图

B 与 1,2 层重合)及 hcp fcc(A,B 与 2,3 层重合)。如图 4.1(b)所示,通过第一性原理[156]的计算可以发现 top fcc 的界面形成能最大,说明 top fcc 具有最稳定的结构,因此本章将选取 top fcc 类型的金属/石墨烯界面作为对象研究 IWL 及弱耦合界面的影响。

4.2.1.2　结构优化

由于外界环境湿度的影响,转移过程中水分子可以进入铜/石墨烯界面形成 IWL,如图 4.1(b)所示。IWL 不仅可以影响石墨烯在铜基底上的形貌,还可以影响铜/石墨烯界面的电学和热学耦合程度。本章将采用 MD 模拟与 DFT 计算结合的方法研究 IWL 对石墨烯/铜基底界面的不同影响。

DFT 计算可以得到界面之间的电子分布情况,因此被用于研究 IWL 对于金属/石墨烯界面电子耦合的影响。金属/石墨烯界面的元胞如图 4.1(a)所示,为了简化计算元胞中只设置一个水分子。石墨烯及铜金属基底面内采用周期性的边界条件,垂直界面方向设置一个 20Å 的真空层以保证开放的边界条件。由于 GGA 不能很好地描述金属与石墨烯界面的结合能[157, 158],本章将采用 LDA[159] 和 vdW-DF 的方法[74]计算石墨烯/金属界面的相互作用。所有的 DFT 计算均采用 Quantum ESPRESSO 软件包实现,并采用 Perdew-Zunger 赝势描述石墨烯及铜基底的电子分布情况[160]。DFT 计算中平面波基底及电子密度网格的能量截断分别为 38Ryd 及 380Ryd,在面内方向采用 36 个 Monkhorst-Park 采样点进行布里渊区的积分,并且结构优化时力的判定准则为每个原子上的受力小于 $0.01eV\text{Å}^{-1}$,经过校验,可以发现采用以上设置可以使结构达到能量守恒(小于 1meV/atom)。

由于计算资源及计算效率的限制,DFT 方法只能用于小尺度界面的能量耦合问题,对于较大尺度的界面,将采用 MD 模拟研究 IWL 对石墨烯形貌及界面热学耦合的影响。本章中所有的 MD 模拟都是利用 LAMMPS 软件进行的[85]。模拟过程中求解牛顿运动方程的时间步长为 0.5fs。AIREBO 及 EAM 势函数可以分别预测石墨烯结构及铜金属的结构、力学与热学性质,并与实验结果符合得很好[161],因此本章采用 AIREBO 势函数[80]和 EAM 势函数[81]分别描述石墨烯和铜基底中原子之间的相互作用。铜基底与石墨烯之间的非键合范德华力采用 Lennard-Jones 势函数描述,相应的相互作用参数为 $\sigma_{C-Cu}=0.308\ 25nm$ 和 $\varepsilon_{C-Cu}=0.025\ 78eV$[162],并采用 SPC/E 模型描述水分子内部的相互作用[82]。水分子、铜基底和石墨烯三者之间的相互作用采用 Lennard-Jones 势函数进行描述,相互作用参

数分别为 σ_{C-O}, ε_{C-O} 和 σ_{Cu-O}, ε_{Cu-O}, 并且利用 Lorentz-Berthelot 混合法则计算相互作用的参数, 即 $\varepsilon_{C-O}=(\varepsilon_{C-C}\varepsilon_{O-O})^{1/2}$, $\sigma_{C-O}=(\sigma_{C-C}+\sigma_{O-O})/2$ 和 $\varepsilon_{Cu-O}=(\varepsilon_{Cu-Cu}\varepsilon_{O-O})^{1/2}$, $\sigma_{Cu-O}=(\sigma_{Cu-Cu}+\sigma_{O-O})/2$, 其中碳原子和铜原子的参数为 $\varepsilon_{C-C}=0.004\,555\,\mathrm{eV}$, $\sigma_{C-C}=0.3851\,\mathrm{nm}$, $\varepsilon_{Cu-Cu}=0.167\,\mathrm{eV}$ 及 $\sigma_{Cu-Cu}=0.2314\,\mathrm{nm}$。

4.2.2 石墨烯在基底上的形貌及水分子插层的影响

在将石墨烯转移到其他基底的过程中,由于石墨烯本身可能存在的结构缺陷或其他环境因素,石墨烯会发生弯曲甚至屈曲,进而在基底表面形成褶皱[163,164]。在基底上形成的褶皱形貌与界面的相互作用(黏附能、摩擦力等)、石墨烯的弹性(面内拉伸,面外弯曲等)及石墨烯的几何形状(展开长度及接触长度的比值等)相关[165]。同时石墨烯/基底界面的力学稳定性也是由界面的黏附能与摩擦力决定的,并且当外界的扰动大于界面的剪切强度时,甚至会发生石墨烯的折叠。由于 IWL 会减弱石墨烯与基底之间的相互作用,并且导致石墨烯发生相对基底的滑动,因此,IWL 应该会导致石墨烯中的褶皱减少。为了研究 IWL 对基底上石墨烯形貌的影响,对石墨烯/金属界面进行了 MD 模拟。为了表示铜基底表面的粗糙度,在铜基底表面设计了深度为 0.65nm 的沟槽,两个相邻沟槽的距离为 12.0nm,然后将石墨烯放置在该粗糙的表面上,如图 4.2(a)所示。铜基底的尺寸为 $(523.3\times3.1)\mathrm{nm}^2$,并且在 x 和 y 方向上采用周期性边界条件。为了表示石墨烯在转移或生长过程由内在的缺陷或热涨落引起的褶皱结构,建立了具有幅度为 0.3nm 的周期性波纹的石墨烯结构。石墨烯 y 方向上宽度为 3.1nm,展开长度为 490.0nm,其中在 y 方向上应用周期性边界条件。石墨烯的展开长度远小于铜基底的长度,因此带有褶皱的石墨烯可以在基底上完全展开。

首先,通过 Berendsen 热浴在 300K 下优化褶皱石墨烯/铜系统,可以发现石墨烯内的小褶皱会逐渐消失,并逐渐在铜基底上形成一个比较大的褶皱。尽管在 MD 模拟中发现比较明显的热涨落,但是最终形成的褶皱仍然可以在铜基底上稳定存在,这是由石墨烯与铜基底之间较强的相互作用及石墨烯自身的相互接触而引起的范德华力共同作用导致的。根据实验,石墨烯/铜基底之间会存在单层或双层的 IWL[166],因此在褶皱的石墨烯与铜基底之间插入了一个水分子层,然后在 300K 下对整个系统进行优化,进而研究 IWL 对于石墨烯褶皱的影响。

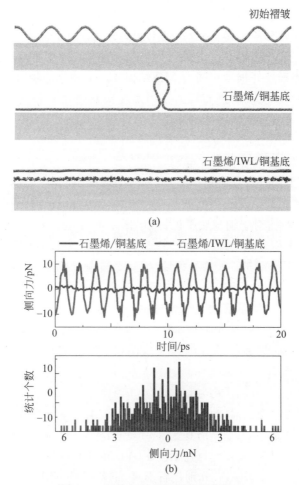

图 4.2　褶皱石墨烯结构的演化情况

(a) 带有褶皱的石墨烯结构及优化后有无水分子插层的石墨烯的结构,可以发现无水分子插层时,
存在一个比较大的褶皱,反之石墨烯可以自由地完全展开;(b) 有无水分子插层时,每个碳原子上受
到的侧向力随时间的演化及单个原子上受到的侧向力的分布情况

　　如图 4.2(a)所示,通过 MD 模拟可以发现,带有褶皱的石墨烯可以完
全展开,并与水分子层之间形成完美的接触。更有趣的是,铜基底与石墨烯
之间的 IWL 是单层的准二维冰结构(图 4.1(b)),这与最近的关于纳米受
限空间中形成二维冰的结果吻合得非常好[166]。为了进一步分析铜基底上
带褶皱的石墨烯的稳定性与褶皱展开的动力学过程,本书计算了石墨烯的
侧向力(如图 4.2(b)所示)。基底上石墨烯层的侧向力可以导致石墨烯的

侧向运动进而使石墨烯的褶皱展开。从图 4.2(b) 可以发现,当石墨烯/铜基底界面存在水分子层时,每个原子上侧向力的幅值可以增大 8 倍;同时石墨烯每个原子的受力也会由于 IWL 的存在而增加,进而加剧石墨烯的局部运动帮助石墨烯展开褶皱。通过 MD 模拟及以上理论分析可知,IWL 可以增强石墨烯的侧向运动,进而帮助石墨烯在铜基底表面形成平整无缝的界面结构,这对于石墨烯基的微纳米电子器件具有显著的价值。

4.2.3　水分子插层有效减弱界面的电学耦合

根据 DFT 的计算结果可以发现,对于石墨烯/镍界面,石墨烯中的 π 电子会和镍金属的 d 电子有强烈的耦合,导致其发生较强的电子耦合,界面能为 403.62meV;而对于铜基底来说,石墨烯中的 π 电子和铜金属的 d 电子耦合较弱,界面能仅为 140.0meV[158]。为了研究 IWL 对界面电子耦合的影响,建立了如图 4.3 所示的石墨烯/铜基底结构,铜基底有四层原子,界面的方向为 (111)。为了使石墨烯与铜基底晶格匹配,石墨烯的晶格常数 a_{C-Cu} 设为 2.55Å,铜基底的晶格常数 a_{Cu} 设为 3.61Å。为了表现 IWL 对界面电子耦合的影响,首先根据 DFT 计算的结果,绘制了有、无 IWL 情况下石墨烯/铜基底界面的差分电荷密度图(图 4.3(b))。差分电荷密度定义为

$$\Delta\rho_{G/Cu} = \rho_{G/Cu} - \rho_G - \rho_{Cu} \tag{4-1a}$$

$$\Delta\rho_{G/IWL/Cu} = \rho_{G/IWL/Cu} - \rho_G - \rho_{Cu} - \rho_{IWL} \tag{4-1b}$$

式中,$\Delta\rho_{G/Cu}$ 和 $\Delta\rho_{G/IWL/Cu}$ 分别是无 IWL 和有 IWL 时铜/石墨烯界面的差分电荷密度;$\rho_{G/Cu}$ 和 $\rho_{G/IWL/Cu}$ 分别是无 IWL 和有 IWL 时铜/石墨烯界面的总电荷密度;ρ_G,ρ_{Cu} 及 ρ_{IWL} 分别是石墨烯、铜基底及 IWL 单独存在时的电荷密度。

根据差分电荷密度图(图 4.3)可以看出,IWL 会极大地减弱石墨烯与铜基底之间的电子耦合,并且使石墨烯与铜基底之间的距离由 2.27Å 增加到 6.11Å。根据 Bader 方法[167]可以计算出石墨烯与铜基底之间的电子转移情况,IWL 会使石墨烯与铜基底之间的电子转移由 0.0442e/atom 减小为 0.0017e/atom,表现出石墨烯与铜基底之间的极弱电子耦合。最近,科学家们利用拉曼谱及热扫描探针研究了石墨烯/石英界面的电子转移情况,发现厚度仅为 4.0Å 的[156]IWL 可以极大地抑制石墨烯/石英之间的电子转移,并且可以利用 IWL 调控界面的费米能量面,这与本书的理论结果符合得非常好。

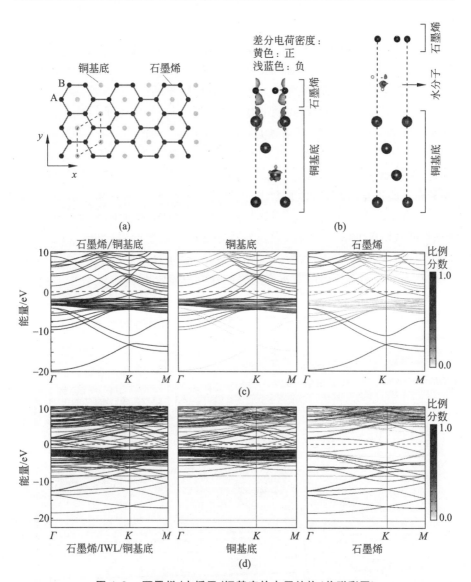

图 4.3　石墨烯/水插层/铜基底的电子结构（前附彩图）

（a）DFT 计算中的元胞结构,铜基底包含 4 层原子,石墨烯的元胞如图中虚线所示；（b）有、无水分子插层情况下石墨烯/铜基底界面的差分电荷密度图；（c）～（d）有、无水分子插层时石墨烯/铜基底的电子能带向铜原子和石墨烯原子分解的情况

为了更加细致地研究界面电子耦合强度的变化,可以利用 DFT 计算不同原子的电子对整个系统的电子能带的贡献率。如图 4.3（c）～（d）所示,

将铜/石墨烯界面的电子能带分解为两部分,一部分是铜原子的能带,一部分是石墨烯的能带,可以发现:无 IWL 层时,两者的能带均有另一方的电子做出贡献,也就是说铜与石墨烯之间有很强烈的电子耦合;当 IWL 层存在后,铜基底与石墨烯之间的能带发生了比较明显的解耦,费米能级钉扎在石墨烯上,两者互不影响。这说明石墨烯与铜基底之间的电子耦合主要是依靠电子转移完成的,并且可以通过 IWL 减弱电子耦合的程度。为了研究 IWL 对于较强耦合的界面是否仍有效果,本书选取了石墨烯/镍基底进行研究,由于镍基底具有磁性,因此在利用 DFT 计算石墨烯/镍基底界面时需要考虑自旋极化,根据前述的方法,可以将石墨烯/镍基底的电子能带(自旋向上和自旋向下两种)按照石墨烯与镍基底的贡献分解为两部分,如图 4.4 所示,可以发现 IWL 对于石墨烯/镍基底这种强耦合的界面也有明显的解耦作用。这说明 IWL 可以用于调控石墨烯/金属之间的电子耦合,并且对于具有强电子耦合或弱电子耦合的界面均有明显效果。

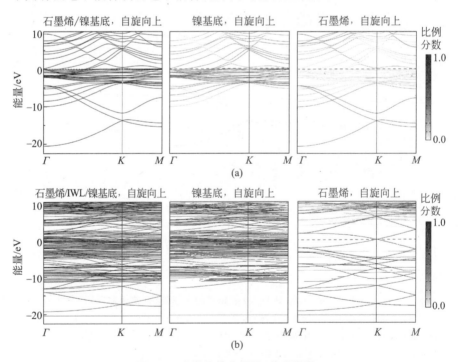

图 4.4　电子能带分解图(前附彩图)

有、无水分子插层石墨烯/镍基底的电子能带及向铜原子和石墨烯原子分解的情况(由于自旋向下和向上的电子能带类似,因此这里只展示了自旋向上的电子能带)

4.2.4　扩散式热输运机制与水分子插层的影响

室温下,石墨烯基的纳米电子器件具有极高的电子迁移率(高达 10 000cm²/(V・s))[10],因此,石墨烯是新一代纳米电子器件的重要组成部分。但是,在高电流情况下,电子器件中的电子流动会通过较强的电子-声子相互作用,导致剧烈的声子散射并降低声子的输运效率。进一步,由于声子输运效率降低,电流引起的焦耳热无法快速耗散,会导致局部的温度升高,进而在纳米电子器件中,特别是缺陷附近,产生局部高温点。根据最近的研究,纳米电子器件及电路中的能量密度[168, 169]高达 1GW/m³。如果多余的热量无法有效地扩散出去,会导致器件的功能失效、器件材料的缺陷聚集、器件材料表面和界面的重组甚至器件损坏[170, 171]。由于电子器件和基底之间的热辐射及空气对流非常弱,所以,热量耗散的主要方式是通过器件与基底界面的热传导过程。在设计电子器件时,器件与基底之间具有高效的热量耗散效率是保证器件热稳定性的重要条件。根据前文关于界面电子耦合的讨论,得知界面的电子耦合程度越弱,器件的性能会越好,但是,弱的界面耦合可能导致通过界面的热传导效率下降。因此,在保证界面电子耦合较弱的同时,如何确保热量耗散效率较高是一个待解决的重要问题。

本章在石墨烯与铜基底之间引入 IWL,令人惊奇的是 IWL 不仅不会牺牲界面的热耗散效率,还可以使其提升。为了定量地研究 IWL 对界面热耗散的影响,本书对石墨烯/铜基底界面进行了 NEMD 模拟。石墨烯/铜基底界面的界面热导率 κ_I 定义为

$$\kappa_I = J/(A\Delta T) \tag{4-2}$$

式中,J 是通过石墨烯/基底的热流,A 是界面的面积,ΔT 是界面的温度差。在 MD 模拟中,界面面内方向应用周期性边界条件,元胞的尺寸为 $(3.10 \times 5.62)\text{nm}^2$;在垂直于界面方向,采用开放边界条件,铜基底的厚度为 7.92nm。首先,通过耦合 Berendsen 热浴在 NVT 系综下平衡整个系统,温度为 300K,平衡时间为 100ps;然后转换为 NVE 系综继续平衡 100ps;接下来在保持基底下端 1nm 厚的铜原子温度为 300K 的情况下,给石墨烯加热,随着加热时间的增加,石墨烯的温度会逐渐上升进而达到收敛,表示系统的热量耗散与加热功率达到平衡;最后可以测量界面两侧的温度差 ΔT,根据方程(4-2)可以计算出石墨烯/铜基底的界面热导 κ_I。图 4.5(a)总结了不同面密度的 IWL 的界面热导。可以发现,对于不含 IWL 的石墨烯/铜界面,界面热导为 $\kappa_I = (9.76 \pm 0.34)\text{MW}/(\text{m}^2 \cdot \text{K})$,而当 IWL

的面密度 $n_\mathrm{W}=8.32\mathrm{mol/nm^2}$，界面热导为 $(18.84\pm0.41)\mathrm{MW/(m^2\cdot K)}$，增加了约 1 倍，并且可以用一个近似线性的方程 $\kappa_1(n_\mathrm{W})=(1.05n_\mathrm{W}+10.52)\mathrm{MW/(m^2\cdot K)}$ 描述两者的关系。通过观察 MD 模拟的界面结构（如图 4.5(a)中插图），可以发现水分子趋于聚集在一块区域形成有序的界面结构。

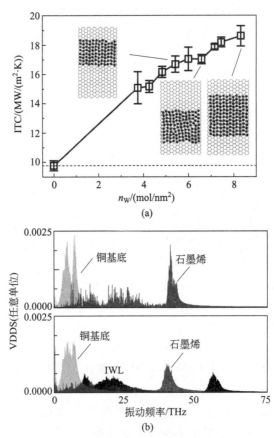

图 4.5　水分子插层对热导率的影响机制

（a）不同面密度 IWL 的石墨烯/铜基底的界面热导，插图为不同面密度的 IWL 的水分子结构；
（b）有、无 IWL 情况下，石墨烯、铜基底及 IWL 的振动态密度

　　由于石墨烯/IWL/铜基底界面是通过范德华力形成的弱耦合界面，当石墨烯的振动模态通过界面传递到 IWL 或铜基底界面时，会发生强烈的散射以致忘记初始的模态极化矢量及群速度，也就是说石墨烯/IWL/铜基底界面的热输运机制是扩散式的热输运。而基于扩散式输运模型，可以通过界面不同

组分的振动态密度及耦合程度来分析 IWL 对界面热导的影响。

首先,通过计算速度自相关函数的傅里叶变换得到了石墨烯、铜基底及 IWL 的振动态密度(VDOS),如图 4.5(b)所示。从图中可以清晰地看到,石墨烯与铜基底之间的振动态密度相差比较远,而水分子插层的振动态密度正好集中于石墨烯和铜基底耦合较弱的区间(10～30THz),也就是说 IWL 可以有效地促进石墨烯与铜基底之间的振动模式耦合进而提升界面热导[172]。为了定量地研究 IWL 的影响,可以定义石墨烯与铜基底之间的振动态密度的耦合程度为

$$
S_{C-Cu} = \frac{\int_0^{\omega_C} f_G(\omega) f_{Cu}(\omega) \mathrm{d}\omega}{\int_0^{\omega_C} f_G(\omega) \mathrm{d}\omega \int_0^{\omega_C} f_{Cu}(\omega) \mathrm{d}\omega}
\tag{4-3}
$$

式中,$f_G(\omega)$ 和 $f_{Cu}(\omega)$ 分别是石墨烯和铜基底的振动态密度,ω 是模态的振动频率。加入 IWL 后,石墨烯与铜基底之间的振动态密度耦合程度定义为 $S_{G/IWL/Cu} = S_{G/IWL} + S_{IWL/Cu}$。根据 MD 模拟的结果可以发现,无 IWL 时,耦合程度为 $S_{G/Cu} = 0.0082$,当 IWL 面密度 $n_w = 8.32 \mathrm{mol/nm^2}$ 时,$S_{G/IWL/Cu} = 0.01194$,提升了约 45%。界面的振动态密度耦合程度越高,石墨烯与铜基底之间的振动模式匹配度越好,进而界面热导也越高。因此,IWL 通过改变石墨烯与铜基底之间的振动模式耦合程度,极大地提升了石墨烯/铜基底的界面热导。

通过分析界面不同组分的振动态密度及其振动耦合程度,可以很好地解释 IWL 对石墨烯/铜基底界面热导的增强作用,也从侧面反映了穿过该弱耦合界面热输运过程的扩散式本质。

4.3　石墨烯/细胞膜界面与扩散式热输运模型

最近,应用于生物物理及生物医药领域的生物纳米电子器件引起了广泛关注。功能化的纳米电子器件可以用于检测生物、物理、化学信号,收集有价值的生物反应信息,以及通过纳米器件与生物组织之间的界面调控细胞的活动[4, 173-177]。这些相关的生物纳米电子器件的应用都伴随着高热量的产生并在纳米空间里聚集。由于这些器件都是由人工合成材料做成的,与生物组织有很大不同,其产生的热量很容易在生物/器件的界面发生聚集进而影响生物组织的正常功能。另一方面,最近的研究表明,通过对生物组织进行热控制可以有效地调控基因的表达、肿瘤细胞的代谢及对病毒细胞

的定向治疗。这些应用中的关键问题是电子器件中的热量是如何通过纳米尺度的界面输入细胞内及器件的工作功率与细胞热稳定性之间的关系。

　　石墨烯及其衍生物 GO 由于只有单原子层的厚度,面外刚度比较弱,可以和细胞膜之间形成比较紧密的接触[4, 174, 175, 178-180]。尽管最近的研究结果表明微米尺度及纳米尺度的石墨烯可以进入细胞膜中间[181, 182],但是本章工作主要关注石墨烯/细胞界面在电子器件及传感器领域的应用,在这些应用中石墨烯会覆盖整个细胞的表面。因此,可以通过将石墨烯与细胞膜平行放置,研究两者之间的相互作用及石墨烯与细胞膜之间的能量耦合。在前期的工作中研究者发现,石墨烯可以作为一个透明的容易渗透的膜将细胞包裹起来,并可以使细胞保持一定的水含量[175]。石墨烯与细胞之间稳定的界面结构表明石墨烯是一种在生物纳米电子器件领域中极具潜力的材料。但是,石墨烯的杨氏模量比细胞膜的杨氏模量大 6 个数量级,并且两者的振动模态完全不同,因此导致石墨烯与细胞膜之间会存在明显的界面热阻,进而引起热量在界面的聚集甚至器件的功能失效并影响细胞自身的活性。

　　更重要的是,研究者发现实验中石墨烯与细胞膜之间会存在明显的水层,而且水层可以有效地调控界面的电子耦合[4, 178]。除了界面的电子耦合,穿过石墨烯/水分子层/细胞膜界面的热量转移过程对于合理地设计生物纳米电子器件及保证生物组织的热稳定性都至关重要。因此,本节将通过大尺度的 MD 模拟研究 IWL 对石墨烯/细胞膜界面的热输运过程的影响,以及石墨烯/细胞膜界面和生物组织的热稳定性问题。

4.3.1　石墨烯/生物界面的原子结构

　　通过在石墨烯附近放置磷脂双分子层的方法创建石墨烯/细胞膜界面,水分子随机分布在石墨烯与细胞膜之间,并且可以进入磷脂双分子层尾部的空间,如图 4.6(a)所示。根据细胞膜中的组成成分及不同磷脂分子类型所占的比例,选取 POPC(1-palmitoyl-2-oleoyl-sn-glycero-3-phosphocholine)磷脂分子组成细胞膜作为研究对象。由于细胞内部的组成成分是水分子,我们在磷脂双分子层的另一侧放置大量的水分子,作为细胞膜的内部。对于 GO[183],只考虑羟基官能团,并且随机分布在石墨烯两侧,氧化程度为 $c = n_O/n_C = 20\%$,式中,n_O 和 n_C 分别代表体系中氧原子和碳原子的个数。类似的 GO 模型已经成功用于预测水分子在石墨烯及 GO 表面的润湿行为[184-186]。对于石墨烯/细胞膜界面,在界面面内应用周期性边界条件,二维元胞的尺寸为 $(5.36 \times 5.14) \text{nm}^2$;在垂直于界面的方向,采用开放边界条件。

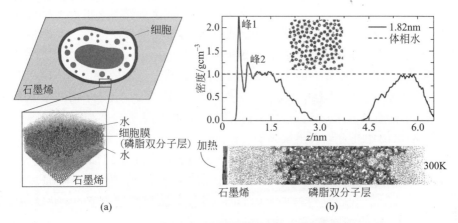

图 4.6　纳米材料细胞界面的微观结构（前附彩图）

（a）石墨烯/水分子插层/细胞膜的分子模型；（b）上图是水分子的质量密度分布图（水分子插层厚度 $t_W = 1.82\mathrm{nm}$），虚线表示块体水常温常压的密度，石墨烯的位置为 $z = 0.0\mathrm{nm}$，下图是 MD 模拟过程中研究穿过界面的热量耗散时的边界条件设置

　　本节中所有的 MD 模拟都是通过 LAMMPS 实现的[85]。石墨烯和 GO 原子之间的相互作用是利用 OPLS-AA 势函数描述的，OPLS-AA 势函数[41]通过描述键的伸长、键角的弯曲、二面角的弯曲及范德华力可以成功预测石墨烯及 GO 的热学、结构和力学性质。磷脂双分子层及水分子分别采用 CHARMM36 力场及 TIP3P 模型描述原子之间的相互作用[187]。石墨烯、IWL 及磷脂双分子层之间的相互作用包括范德华力及静电作用两项。范德华力是通过 Lennard-Jones 势函数描述的，静电作用是通过 PPPM(particle-particle-particle-mesh) 算法[188]计算的长程库仑静电力描述的，两者的截断距离均为 1nm。为了防止由氢原子引起的高频振动带来的数值误差，应用 SHAKE 算法限制其他原子与氢原子连接的键、键角及二面角的运动。整个 MD 模拟过程中，为了保证能量收敛，选取时间步长为 0.1fs。

4.3.2　石墨烯/细胞膜界面的水分子层结构

　　根据之前的研究，石墨烯和细胞膜之间存在一层很薄的水分子层，可以根据环境的湿度进行调节[189, 190]，因此，建立了如图 4.6 所示的界面模型，用以研究不同厚度的 IWL 对于界面热输运的影响。为了分析界面的水分子结构，首先计算水分子在石墨烯/细胞膜界面的空间分布情况，图 4.6(b)

展示了水层厚度 $t_w = 1.82\text{nm}$ 时,水分子的空间分布情况。水分子层的厚度 t_w 定义为水层密度大于或等于体相中水的密度的区域厚度。从图中可知,水分子质量密度曲线在靠近石墨烯的位置存在两个峰:峰 1 和峰 2,峰 1 中水分子结构如图 4.6(b) 中插图所示,并且表现出一定的有序性。峰 1 和峰 2 的水密度大于体相中水密度,这是纳米受限空间中水分子的一个正常现象,在石墨烯及 GO 组成的纳米空间中也可以观察到类似的现象[185]。从图 4.6(b) 中还可以看出水分子会进入磷脂双分子层尾部约 1nm 深的位置,并且密度缓慢下降,表示水分子填充了磷脂双分子层尾部自由的空间。从应用的角度来看,IWL 的存在不仅可以调控生物-纳米界面的质量输运与能量耦合,还可以通过与外界环境的信息交流来影响细胞膜的生物状态,因此,IWL 对于细胞膜或生物组织维持正常的生化功能起着至关重要的作用。

最近的实验证据表明,石墨烯与细胞膜之间的水分子的插层厚度[4]为 $1 \sim 2\text{nm}$。为了细致地研究 IWL 的具体作用,本书建立的石墨烯/细胞膜界面含有的 IWL 厚度 t_w 为 $0 \sim 2\text{nm}$。图 4.7(a) 总结了石墨烯和 GO 界面中含有不同厚度 IWL 时的水分子密度的空间分布情况,可以发现 GO 的官能团不仅会影响密度分布曲线中峰的高度还会影响峰的位置,但是影响比较微弱。为了表征水分子在峰 1 中的分布是否达到饱和,可以计算峰 1 内包含的水分子质量 $M_1 = \int_{z_0}^{z_1} A\rho(z)\mathrm{d}z$,式中, $\rho(z)$ 是水分子的密度分布, A 是界面的面积, z_0 和 z_1 是峰 1 的边界位置。在图 4.7(b) 中展示了界面含有不同水分子含量时对应的 IWL 的厚度及峰 1 包含的水分子质量,从图中可以看出,IWL 的厚度会随着水分子的增多而变大,但是,峰 1 内的水分子质量会先增加然后逐渐收敛。根据 M_1 和界面内水分子含量的关系,可以知道当 IWL 厚度达到临界值 $t_{wc} = 1\text{nm}$ 时,峰 1 会饱和,也就是说当 IWL 厚度高于 t_{wc} 时,水分子层中间部分的密度与块体水的密度相同。令人惊奇的是,峰 1 的饱和 IWL 临界厚度与实验上测量的 IWL 厚度是一致的,说明块体水的存在对于细胞及其活性具有重要的意义,也从侧面证明了本书采用的 MD 模拟方法的合理性。

石墨烯/细胞膜界面的 IWL 可以通过分子自扩散帮助细胞与外界环境交换物质及信息,这对于细胞维持生物活性及功能至关重要。因此,本书进一步计算了水分子在石墨烯/细胞膜界面的自扩散系数 D。自扩散系数 D 可以利用爱因斯坦关系得到:

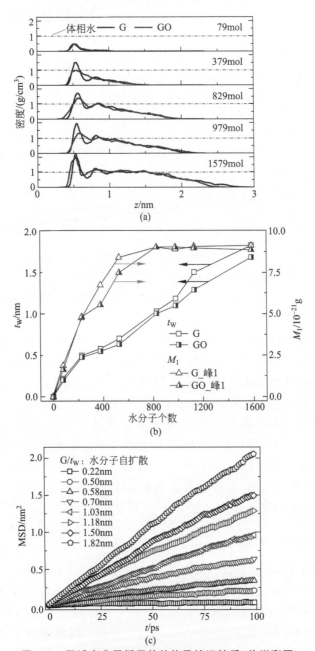

图 4.7   限域水分子插层的结构及输运性质（前附彩图）

（a）石墨烯和 GO 界面中水分子含量不同时的水分子密度空间分布情况；（b）IWL 的厚度 t_W 及峰 1 中水的质量 M_1 与水分子插层中分子数的关系；（c）～（d）不同厚度的 IWL 的均方距离（MSD）及自扩散系数 D

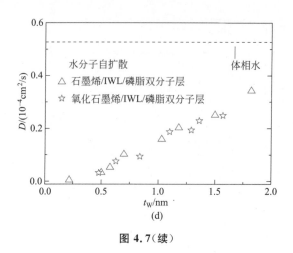

图 4.7（续）

$$D = \lim_{t \to \infty} \langle \, | \, \boldsymbol{r}(t) - \boldsymbol{r}(0) \, |^2 \rangle / 2 d_i t \qquad (4\text{-}4)$$

式中，t 是时间，$\boldsymbol{r}(t)$ 是分子在 t 时刻的位置，d 是维数，$\langle \ \rangle$ 代表取多组计算的平均值。IWL 的自扩散系数如图 4.7(c)～(d)所示，可以看出，自扩散系数随着 IWL 厚度的变大而增加，并逐渐接近块体水中的自扩散系数。石墨烯或 GO 均有类似的现象。由于纳米空间的限制，IWL 的自扩散系数远小于块体水的自扩散系数。为了维持细胞与外界足够的信息交流或能量交换，IWL 必须有足够大的自扩散系数，而当 IWL 厚度大于临界厚度 t_{wc} 时，自扩散系数增加到块体水的 1/3。根据自扩散系数可知，界面内的 IWL 具有和块体水类似的水层，这对于保持细胞和外界的有效的信息交流及生物活性非常重要。根据以上分析，可以知道为了保证细胞和外界能够进行有效的信息交流，石墨烯与细胞膜之间的 IWL 厚度应该不低于临界厚度 $t_{wc} = 1\text{nm}$，这也说明了本书选取 IWL 厚度为 0～2nm 的合理性。

4.3.3　石墨烯/细胞膜界面的热耗散过程

不同厚度的 IWL 不仅会影响水层的结构，还对界面的热量耗散具有重要的影响。根据图 4.6(b)中的边界条件设置，本书可以利用 MD 模拟的方法研究界面的热量耗散问题。通过 Berendsen 热浴[84]控制细胞膜内侧水的温度为 300K，同时给石墨烯加热（表示纳米电子器件中由于电阻产生的焦耳热），加热功率为 P。首先分析整个加热过程，该过程的温度随时间的变化如图 4.8 所示，可以发现，整个加热过程可以分为两部分：第一部分是瞬态过程，石墨烯、水分子插层及磷脂双分子层的温度会逐渐上升（约 400ps）；

第二部分是稳态过程,系统的温度达到平衡,不再发生变化。为了表征不同加热功率对细胞膜的影响,引入变量 $\Delta T = T_{eq} - T_e$ 描述细胞膜的温度升高。

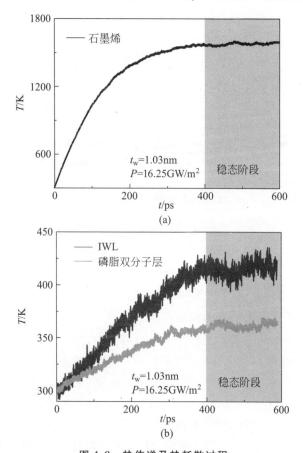

图 4.8　热传递及热耗散过程

当外界加热功率 $P = 16.25\mathrm{GW/m^2}$,水分子插层厚度 $t_w = 1.03\mathrm{nm}$ 时,
石墨烯、水分子插层及磷脂双分子层的温度变化过程

当加热功率 P 比较小时,比如 $P = 1\mathrm{GW/m^2}$,外界输入的能量可以高效地通过界面耗散到细胞膜另一侧的水浴中,当系统达到稳定后,磷脂双分子层也没有明显的结构变化,磷脂双分子层中的温度升高值 ΔT 很小并且与加热功率无关。但是,当加热功率超过某个临界值 P_{cr} 时,磷脂双分子层中的温度升高值会急剧增加,如图 4.9(a)所示。比如,当 $P = 16.25\mathrm{GW/m^2}$ 时,系统达到稳态之后,磷脂双分子层的 ΔT 高达 43K,若在真实的生物组

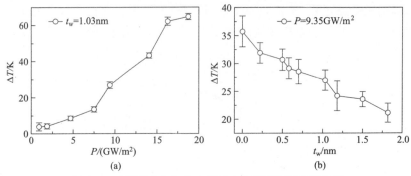

图 4.9　系统温度与加热功率及水分子插层结构的关系

(a) IWL 厚度 $t_w = 1.03\text{nm}$ 时，磷脂双分子层的 ΔT 与石墨烯中的加热功率之间的关系；

(b) 外界加热功率 $P = 9.35\text{GW/m}^2$ 时，磷脂双分子层 ΔT 与 IWL 厚度的关系。图中的误差棒是根据 5 个独立的 MD 模拟结果计算的标准差

织中，同样大小的 ΔT 会引起生物系统的物理行为失效，同时石墨烯中高达 1150K 的温度升高也会引起生物电子器件功能的失效[191]。通过定义磷脂双分子层 ΔT 的临界值，可以计算整个系统的临界加热功率 P_{cr}。根据其他研究者关于细胞活性和环境温度的关系，可以知道当细胞温度升高超过 20K 时，细胞内蛋白质及其他细胞器将会失效[192, 193]。因此，对于磷脂双分子层，定义临界温度升高值 $\Delta T_c = 20\text{K}$。对于石墨烯/细胞膜系统，IWL 厚度 $t_w = 1.03\text{nm}$ 时，临界加热功率 $P_{cr} = 7.5\text{GW/m}^2$，而对于 GO/细胞膜系统，IWL 厚度 $t_w = 1.10\text{nm}$ 时，临界加热功率 P_{cr} 约为 9.35GW/m^2，因此，可以通过控制石墨烯的氧化程度来调控系统的临界功率。系统的临界功率与 IWL 厚度 t_w 也密切相关，不同厚度的 IWL 对应的磷脂双分子层的温度升高值如图 4.9(b) 所示。可以发现，IWL 的厚度越厚，在同样的加热功率下（比如 9.35GW/m^2），磷脂双分子层的温度升高值越低，也就是说，IWL 的存在可以提升热量耗散的效率并有助于维持生物纳米界面的热稳定性，由此可以预测临界加热功率 P_{cr} 会随着 IWL 厚度 t_w 的变大而变大。

4.3.4　扩散式热输运机制与生物纳米界面的热耗散模型

4.3.4.1　石墨烯/细胞膜界面的热耦合

为了定量地研究 IWL 在提升生物纳米界面热耗散效率及在理论上研究穿过生物纳米界面的热输运过程，需要确定生物纳米界面热耦合的关键参数，也就是界面热导（ITC）。ITC 也被称为卡皮查热导，可以用于定量地

描述穿过界面的热传导效率。在 MD 模拟中,采用热弛豫[210]（thermal relaxation,TR）的方法计算 ITC。首先加载一个 100fs 的热脉冲使石墨烯温度快速升高到约 500K,然后将整个系统在 NVE 系综下优化,石墨烯中的温度会逐渐下降,磷脂双分子层及水的温度会逐渐上升,如图 4.10(a)中

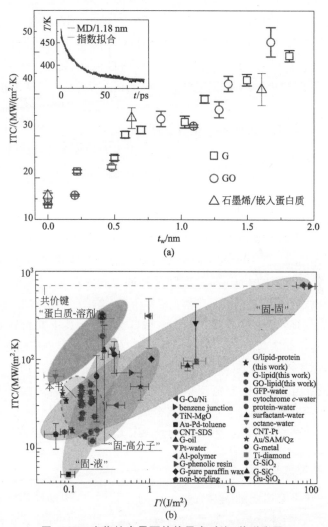

图 4.10　生物纳米界面的热导率对比（前附彩图）

(a) 石墨烯（GO）/磷脂双分子层的界面热导 ITC;(b) 液体-高分子、固体-液体、固体-高分子以及固体-固体界面的界面热导与界面能的关系,图中虚线表示的是共价键连接的固体-固体界面的界面热导。ITC 的数据来自文献[59,172,194-209]

插图所示。石墨烯中的温度下降符合指数衰减的规律,通过拟合可以得到温度衰减的时间常数 τ。

通过时间常数 τ、石墨烯本身的热容 C 及界面的面积 A,可以得到 ITC,$\kappa_I = C/\tau A$。不同 IWL 厚度的界面 ITC 如图 4.10(a)所示,可以发现,随着水分子插层厚度逐渐变厚,ITC 逐渐升高。为了考察更加真实的生物膜,在磷脂双分子层中嵌入了一个钾离子通道蛋白(KcsA)[211],可以发现,在没嵌入蛋白质时,ITC 为 $13.7 \sim 49.10 \text{MW}/(\text{m}^2 \cdot \text{K})$,而嵌入蛋白质以后,ITC 为 $15.8 \sim 41.1 \text{MW}/(\text{m}^2 \cdot \text{K})$,说明嵌入的蛋白质并不会对石墨烯/细胞膜界面的热导产生重大影响。其他研究者通过 MD 模拟发现,蛋白质-水界面的 ITC 为 $100 \sim 300 \text{MW}/(\text{m}^2 \cdot \text{K})$,而油层-水界面的 ITC 只有 $65 \text{MW}/(\text{m}^2 \cdot \text{K})$,表明蛋白质与水分子层之间氢键(HB)可以显著提升蛋白质-水分子界面的热耦合[24-28]。但是,在我们的模型中由于蛋白质与水分子层的接触面积有限(约占总接触面的 10%),嵌入的蛋白质对石墨烯/细胞膜界面的 ITC 影响很小。

从图 4.10(a)可以发现,石墨烯(GO)/磷脂双分子层界面的 ITC 在 $10 \text{MW}/(\text{m}^2 \cdot \text{K})$ 量级,为了比较生物纳米界面 ITC 的相对大小,在图 4.11(b)中总结了其他液体-高分子界面、固体-固体界面、固体-液体界面及固体-高分子界面的 ITC,图中横轴为不同界面的界面能大小,界面能是从文献中查找或基于文献[74,156,172,196,202,204,212-222]计算得到的。可以发现,界面能越高,界面的 ITC 也越高,其中共价键连接的固体-固体界面具有最高的 ITC,高达 $700 \text{MW}/(\text{m}^2 \cdot \text{K})$。与其他类型的固体界面相比,由于石墨烯(GO)与细胞膜软界面之间的相互作用主要包含的是分子间的相互作用,比如范德华力、静电力、氢键等,该界面具有较低的 ITC。IWL 可以增强石墨烯与磷脂双分子层之间的界面热耦合,使其具有更好的界面热传导效率,因此可以通过 IWL 调控生物纳米界面的热传导。

4.3.4.2　扩散式热输运机制

多余的热量会影响细胞及生物组织的生物活性,比如肿瘤细胞对环境温度非常敏感,当环境温度高于 43℃ 时,细胞将会丧失活性甚至死亡[223]。利用 MD 模拟,可以定量得到石墨烯或 GO 辅助细胞热疗的过程中所需要的最小功率。根据图 4.8 的温度变化结果,可以将整个过程分为两个阶段:第一阶段是瞬态过程,第二阶段是稳态过程。由于石墨烯/IWL/细胞膜界

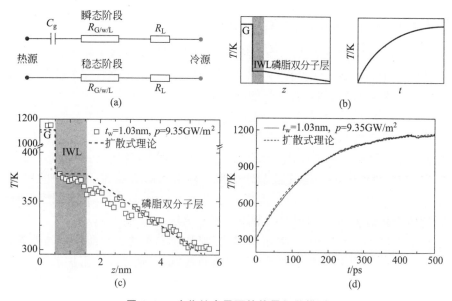

图 4.11　生物纳米界面的热量耗散模型

(a) 瞬态过程的能量输运模型及稳态过程的能量输运模型；(b) 理论上，瞬态过程中石墨烯的温度变化过程及达到稳态过程后石墨烯、IWL 和磷脂双分子层的温度分布；(c)~(d) 当 IWL 厚度为 1.03nm，加热功率 $P=9.35\text{GW/m}^2$ 时，MD 模拟得到的石墨烯/磷脂双分子层的温度变化及温度分布与扩散式理论的比较

面的相互作用主要是范德华力（也包括静电相互作用，但贡献远小于范德华力），因此穿过该弱耦合界面的热输运过程是典型的扩散式输运。

　　为了深入研究生物纳米界面的热输运过程，引入了扩散式的热输运模型[51, 161]，进而可以建立两种理论模型来描述该过程的两个阶段，如图 4.11(a)~(b)所示。图 4.11(a)上图是瞬态过程的理论模型，是一个热容热阻的串联模型，包括石墨烯的热容，石墨烯/生物膜的界面热阻及磷脂双分子层的热阻三部分；图 4.11(a)下图是稳态过程的理论模型，系统达到稳态过程时，石墨烯的热容将被充满不再影响系统的能量输运过程，因此是一个双热阻的串联模型，包括石墨烯/生物膜的界面热阻及磷脂双分子层的热阻两部分。需要指出的是，由于 IWL 会部分进入磷脂双分子层尾部，导致 IWL 与磷脂双分子层之间的界面很难定义，因此，在上述理论模型中，把 IWL 对热输运过程的贡献耦合在了石墨烯/磷脂双分子层界面的热阻中，也就是说把 IWL 看作了界面的组成部分。

4.3.4.3　生物纳米界面的热耗散模型

当以一定的功率 P 加热石墨烯或 GO 时,可以利用建立的瞬态模型预测石墨烯中的温度变化过程,如图 4.11(d)所示。利用拉普拉斯变换及能量守恒方程,可以得到瞬态过程的解析解为

$$T_g(t) = T_e + P/G_C - P/G_C \exp(-tG_C/c_g \rho_g d) \qquad (4\text{-}5)$$

式中, $d = 0.34$nm 是石墨烯根据范德华半径定义的厚度, $c_g = 3N_A k_B = 2.1$J/(g·K)和 $\rho_g = 2.265$g/cm^3 是石墨烯的比热容和质量密度, $T_e = 300$K 是环境温度, G_C 是根据 MD 模拟计算得到的石墨烯/细胞膜的界面热导率, T_g 是石墨烯 t 时刻的温度。通过解方程(4-5),可以得到瞬态过程的温度变化过程,如图 4.12(d)所示。当系统达到稳态阶段以后,体系中各组分的温度不再发生变化,对于石墨烯/细胞膜之间的弱相互作用的界面,声子或振动模式在此处会发生十分剧烈的散射,因此可以采用扩散模型计算材料的能量输运过程[51, 161]。根据傅里叶定律,可以得到稳态阶段石墨烯、水分子插层及磷脂双分子层的温度分布为

$$T_G = T_W + J/AG_C \qquad (4\text{-}6a)$$

$$T_W = T_e + J\delta/A\kappa_L \qquad (4\text{-}6b)$$

$$T_L(z) = T_e + J(z_s - z)/A\kappa_L \qquad (4\text{-}6c)$$

式中, T_G, T_L 和 T_W 是稳态阶段石墨烯、磷脂双分子层及水分子插层的温度,由于水层的热导率(0.61W/(m·K))要远大于磷脂双分子层的热导率(0.12W/(m·K)),可以忽略水层对热阻的贡献,因此在模型中假设水层的温度在水分子层内是均匀分布的。 z_s 是磷脂双分子层表面的位置, δ 和 κ_L 是磷脂双分子层的厚度与热导率, J 是穿过整个体系的热流。通过解方程(4-6)可以得到整个体系中的温度分布,如图 4.12(c)所示,发现由于石墨烯/磷脂双分子层界面具有较大的热阻,体系的温度会在石墨烯/磷脂双分子层界面发生明显的降低。图 4.12(c)~(d)总结了 MD 模拟与扩散式理论预测的结果,可以发现两者吻合得非常好,说明了扩散式理论的合理性。

因此,基于石墨烯/细胞膜界面是扩散式输运的本质,本书建立了预测生物纳米界面热输运及热耗散过程的理论模型。在石墨烯等低维材料的应用场景中(比如生物传感器、可穿戴柔性电子器件或生物热疗法治疗癌症等),只要知道器件材料与生物组织之间的界面热阻及界面内 IWL 的厚度,就可以根据该理论模型(方程(4-6)和方程(4-7))预测一定外界加热功率下

生物组织的温度变化。该模型可以帮助设计生物传感器或其他电子器件的工作功率,使电子器件中的热量不会对细胞或生物组织的活性产生影响,从而更加有效地保护生物组织;另一方面,在肿瘤细胞的生物热疗法中,可以根据上述理论模型选择整个热疗法所需的最小外界加热功率,这同样对于整个热疗过程中保护正常细胞具有至关重要的作用。

4.4　关于水分子插层及扩散式输运机制的讨论

4.2 节主要研究了 IWL 对石墨烯与金属基底之间界面的电学热学耦合的影响,该节的结论对其他的氧化或者绝缘基底与石墨烯的界面同样适用[178, 190]。除了 IWL 之外,还可以在界面插入其他气体分子,比如 N_2, O_2, NO, Ar 及 H_2 等[224-226]。但是,由于自然界中湿度的影响,基底或界面本身就会存在不同含量的水层,因此相对于其他的气相插入分子需要外界做功的方式,水分子层的插入更加容易实现。选择 IWL 的另一个优势是水分子具有很高的介电常数,可以有效地屏蔽石墨烯与基底之间的电子耦合[227]。更重要的是,水分子之间的氢键可以帮助水层在纳米空间中形成冰相,这也是 IWL 可以提升石墨烯/铜基底界面热导的关键。而其他的气相分子插层,比如 Ar,由于会对跨越界面的声子振动产生很大的散射,将会降低界面热导,尽管降低幅度并不大[161]。总之,利用水分子插层,不仅可以减弱石墨烯与金属基底之间的电子耦合,还可以有效降低两者之间的界面热阻,促进界面的热耗散,形成一种"电绝缘,热导通"的界面。

4.3 节主要研究了石墨烯/细胞膜界面的热输运过程及 IWL 对生物纳米界面的热耦合的影响。由于生物细胞的细胞膜中的主要成分是磷脂双分子层,因此在细胞膜的模型中主要考虑了磷脂双分子层。为了简化计算,采用了中性的 POPC 磷脂分子作为组成单元,并建立了预测生物-纳米界面的理论模型。虽然由于 MD 模拟的局限,并没有考虑非中性的磷脂分子(例如 POPS)对热输运的贡献,也没有考虑分子插层中可能存在的离子及酸碱度对能量输运的贡献,但是经过理论分析可知,上述因素只会影响界面热阻的大小,并不会改变弱耦合界面扩散式热输运机制的本质,也就是说对于含有上述因素的生物-纳米界面,本章建立的理论模型同样适用。

石墨烯/铜基底、石墨烯/细胞膜界面、石墨烯/SiC 界面、Si/Ge 界面等[28, 51, 120, 164],都是范德华力形成的弱耦合界面,经本章研究发现,弱耦合的界面可以通过扩散式输运模型进行非常合理的预测。这是由于声子或振动模态在穿过范德华力形成的弱耦合界面时,会发生强烈的散射,进而不能以特定的群速度或沿特定的方向进行传播,也就是说声子穿过界面之后,变成了扩散式的热输运机制,这也是弱耦合界面可以利用扩散式的热输运模型的根本原因。同时,在弱耦合界面中加入 IWL 或其他气体插层之后,由于不会引入新的相互作用机制,只是改变了界面内范德华相互作用的大小,穿过界面的扩散式热输运机制并不会受到影响,并且可以利用扩散式热输运模型解释 IWL 对界面热输运过程的调控作用。

4.5　本章小结

本章通过 MD 模拟研究了弱耦合界面的热输运机制及 IWL 对石墨烯/金属及石墨烯/细胞膜界面两类弱耦合界面能量耦合的影响,得出以下结论:

(1) 对于石墨烯/铜基底、石墨烯/细胞膜界面等范德华力形成的弱耦合界面,可以通过扩散式输运模型进行非常合理的描述,反映了弱耦合界面热输运过程的扩散式本质。

(2) IWL 可以在有效减弱石墨烯/金属界面的电学耦合的同时,不牺牲界面热传导效率,并有效地降低界面热阻,进而形成一种"电绝缘,热导通"的界面。

(3) 通过 MD 模拟发现石墨烯/细胞膜界面内的 IWL 层厚度必须大于1nm,才能保证石墨烯或 GO 与生物膜之间的界面信息能够有效交流。

(4) IWL 可以有效降低石墨烯/细胞膜界面的界面热阻,提升能量输运效率。基于扩散式的热输运模型,建立了预测生物-纳米界面热输运与热耗散的理论模型,并与 MD 模拟的结果吻合得非常好。

根据上述结论,发现弱耦合界面的热输运过程是扩散式热输运机制主导的,并可以将 IWL 看作有效的调控手段,调控界面的电学性质与热学性质,甚至可以把 IWL 作为绝缘层来设计新型的场效应管;可以根据本章提出的生物纳米界面热输运的理论模型,优化生物纳米电子器件的工作功率,以减小电子器件对于细胞或生物组织的热稳定性的影响及预测肿瘤热疗过程所需要的最小加热功率等。总之,上述结论对于设计新型的场效应管、生物纳米电子器件及可穿戴柔性电子器件等都具有重要的借鉴意义。

第 5 章　强耦合分子界面的热输运研究

5.1　本章引论

第 4 章研究了石墨烯/金属界面及石墨烯/细胞膜界面等低维材料的弱耦合界面的热输运过程,但是,在低维材料的应用场景中,不仅涉及低维材料与其他材料的弱耦合界面,还涉及与其他材料组成的强耦合界面。对于纳米电子器件,除了传统的二极管及场效应管之外,有机分子组成的分子电子器件[228]由于体积小、柔性好及易于制备的优点引起了研究者们的广泛关注。

烷烃链自组装单分子层(self-assembled monolayer, SAM)是指烷烃链分子在基底表面形成的相对有序的分子层,一端与基底由共价键连接,另一端可以连接其他基底或材料,在分子电子器件[228]、表面改性[204, 229]、热电材料[230]、热管理[56, 231]等多个领域具有非常广泛的应用前景。

分子结是指分子通过共价键与基底材料形成的结构,分子结界面就是一种典型的由共价键形成的强耦合界面,研究其界面的热输运机制,一方面在理论上有重要的价值,另一方面,分子结作为分子电子器件及 SAM 的重要组成部分,对于整个界面的热输运有至关重要的影响,并且其热输运机制与扫描热显微镜(SThM)及扫描电镜(SEM)中的探针-样品之间的热输运机制类似,因此,研究分子结的结构及穿过其界面的热输运机制具有十分重要的意义。虽然对于原子尺度的分子结,研究者们已经通过实验测量与理论分析相结合的方法对其结构、电学性质、力学性质及热学行为有了较多研究[232-238],比如:Huang 等人[239]研究了分子结的分子长度及外加偏压对分子结产生的焦耳热的影响;Lee 等人[55]研究了分子结中电子透射系数与热量耗散之间的关系;Losego 等人[204]展示了分子结连接的两个界面之间的能量输运过程;Cui 等人[238]利用实验的方法测量了单金原子链的热导率,并定量测量了电子对金单原子链热导率的贡献。但是,对于分子结界面中的热输运机制及相关的调控手段仍然缺乏足够的了解,这限制了分子结在纳米电子器件、热界面材料、能量转化装置等很多相关领域的潜在应用。

本章将采用 MD 模拟的方法,以苯环分子结和 SAM 分子结为例,研究穿过分子结界面的热输运机制及相关的调控手段,主要分为以下三部分:第一部分,以金刚石/苯环分子/金刚石分子结为研究对象,探究分子链长度、外界载荷、环境温度等因素对分子界面热输运过程的影响,同时研究分子结的热稳定性,以及分子结界面的热输运机制;第二部分,以金刚石/SAM/金刚石分子结为研究对象,探讨分子链长度、面内排列密度、外界载荷及基底表面粗糙度等多种因素对分子界面热输运过程的影响,讨论 SAM 作为热界面材料的巨大潜在应用价值,以及 SAM 分子界面的热输运机制;第三部分,结合经典的界面热传导模型,讨论强耦合界面的热输运过程的特性。

5.2　苯环分子结界面的热输运机制与热稳定性

5.2.1　苯环分子结的原子模型与界面热阻计算方法

最近,科学家在实验上测量了金/1,4-苯二硫醇(1,4-benzenedithio,DBT)/金分子结中产生的焦耳热与两端电流偏压的关系[230],由于金分子结中需要考虑电子对热输运的影响,为了忽略电子的影响,本章首先采用金刚石/苯环分子/金刚石(DBD)分子结研究分子结界面的热输运机制,其中,DBD 分子结的结构如图 5.1(a)所示。金刚石基底的宽度与长度分别为 $a=2.05\text{nm}$ 和 $b=2.05\text{nm}$,苯环分子链与金刚石基底之间可以通过共价键或范德华力连接,苯环分子链的长度可以调整进而形成不同结构的 DBD 分子结。

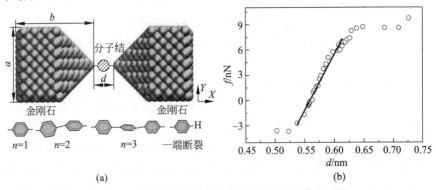

(a)　　　　　　　　　　　(b)

图 5.1　分子结的原子结构和受力状态-距离关系图

(a) DBD 分子结的原子结构,金刚石基底的宽度与长度分别为 $a=2.05\text{nm}$ 和 $b=2.05\text{nm}$,两个金刚石基底之间的距离为 d,基底之间的分子可以由 1 个、2 个、3 个或多个苯环分子组成;(b) DBD 单分子结的受力状态与距离 d 的关系

　　外界载荷对于分子结的结构与性质有很大影响,因此首先标定了 DBD
分子结距离 d 与外界载荷之间的关系,图 5.1(b)是单分子结的情况。当分
子结距离 d 为 0.54～0.62nm 时,外界载荷 f 与距离 d 符合很好的线性关
系:$f=(-74.13+132.62d)$ nN,当分子结长度小于 0.54nm 或大于
0.62nm 时,分子结会发生结构坍缩或结构断裂以致不能承受外界载荷。
因此,分子结长度在 0.54～0.62nm 时可以保持稳定,对应的外界载荷为
$-3～9$nN,并且当 $d=0.56$nm 时,外界载荷 $f=0$,对应的正是完全不受力
的分子结构型。基于上述完全不受力的分子结构型,将通过 MD 模拟的方
法研究分子结的能量输运及耗散过程。

　　本节中所有的 MD 模拟都是通过 LAMMPS 软件包实现的[85]。由于
AIREBO 势函数[240]可以对碳氢系统的结构、力学及热学性质作出非常合
理的预测,因此,本节中的 MD 模拟采用 AIREBO 势函数描述金刚石与苯
环分子之间的相互作用力。在 MD 模拟过程中,三个方向均采用开放边界
条件,并且为了保证模拟过程能量守恒,时间步长设定为 0.2fs。在模拟能
量耗散的过程中,把苯环分子看作热源(通过给苯环分子加热向系统持续注
入能量),把两侧的金刚石基底看作热降,并通过 Berendsen 热浴保持两端
0.5nm 厚的金刚石层温度为 300K。为了定量地描述分子结的能量传导过
程,通过 NEMD 模拟的方法计算了分子结的卡皮查热阻 R_K[241]。首先,在
NVT 系综下通过 Nosé-Hoover 热浴(温度为 300K)对 DBD 分子结平衡了
200ps;然后,转换为 NVE 系综继续平衡 50ps;最后,在 NVE 系综下,通过
Berendsen 热浴保持一端 0.5nm 厚的金刚石层温度为 325K,另一端的金刚
石层温度为 275K,这样就建立了稳定的温度梯度,并记录整个分子结的温
度变化过程,以及穿过分子结的热流 J。根据分子结两侧的温度差 ΔT 及
热流 J,可以得到穿过分子结界面的界面热阻 R_K 为

$$R_K = \Delta T / J \tag{5-1}$$

　　为了验证经典的 MD 模拟是否可以用于研究分子结的能量输运过程,
采用路径积分 MD(PIMD)的方法作了分子结声子振动谱的分析[242, 243]。
PIMD 是指在经典的 MD 模拟过程中,通过费曼提出的路径积分方法考虑
原子的核量子效应,并对整个系统的热力学量进行修正[244]。对于经典 MD
体系,整个体系的配分函数形式与在量子体系中玻恩-奥本海默近似下的配
分函数形式相同,经典体系的有效势 U_{eff} 为

$$U_{eff} = \sum_{i=1}^{k} \left[\sum_{j=1}^{N} \frac{1}{2} m_j \omega_k^2 (\boldsymbol{X}_i^j - \boldsymbol{X}_{i-1}^j)^2 + \frac{1}{k} V(\boldsymbol{X}_i^1, \cdots, \boldsymbol{X}_i^N) \right] \tag{5-2}$$

式中,N 是系统中原子的个数,k 是路径积分中珠子的个数,也就说每个原子用 k 个珠子来表示,m_j 是第 j 个原子的质量,ω_k 是体系的振动频率,X_i^j 是第 j 个原子的第 i 个珠子的位置,V 是整个体系的势函数。在有效势 U_{eff} 下对经典体系进行 MD 模拟,可以有效考虑原子的核量子效应。本书建立了一个金刚石基底较小的分子结模型(包含 512 个碳原子,4 个氢原子,如图 5.2 所示),用以进行基于路径积分的 MD 模拟。在 PIMD 中,选取 $k=8$,时间步长为 0.01fs,并采用和经典 MD 模拟一致的 AIREBO 势函数描述原子之间的相互作用。体系平衡之后,可以通过原子速度的自相关函数的傅里叶变换得到分子结的振动谱,不同温度下经典 MD 与 PIMD 预测的分子结的振动谱如图 5.2(d)～(f)所示,可以发现当温度大于 100K 时,两者给出一致的振动谱,这说明在本书研究的温度范围(大于 200K)内,经典的 MD 模拟可以对分子结的力学及热学性质作出合理预测。

5.2.2　单分子结的热输运过程

　　首先探讨单分子结的热传导过程。在室温下,体材料中非共价键及共价键形成的界面的界面热阻 R_K 分别为 $3.33\times10^{-8}\text{m}^2\cdot\text{K/W(Pb/H/C)}$[199] 和 $1.43\times10^{-9}\text{m}^2\cdot\text{K/W(TiN/Al}_2\text{O}_3)$[196]。通过 NEMD 模拟,可以知道单分子结在 $T=300\text{K}$ 下的界面热阻 $R_K=3.81\times10^9\text{K/W}$。而根据单分子结的热耗散过程,可以发现分子结的界面热阻与外界的加热功率 P 相关,当 P 从 $10\mu\text{W}$ 变化到 $0.1\mu\text{W}$ 时,界面热阻 R_K 为 $1.25\sim6.12\times10^9\text{K/W}$($|J|=P$)。两者的结果基本一致,表明了两种方法在研究分子结能量传导过程的合理性。分子结的能量传导过程与分子结的结构密切相关。通过改变金刚石基底的距离 d 可以给分子结加载不同的外力,然后得到承受不同外力下的结构,进而研究分子结的微观结构及外界载荷与界面热阻的关系。当外界载荷 f 在 $-4.12\sim7.20\text{nN}$ 时,分子结会有明显变形但不会被破坏,因此,本书计算了在该载荷范围内分子结界面热阻与载荷之间的关系(如图 5.3 所示)。可以发现,当外界载荷 $f<0$ 时,界面热阻几乎不随外界载荷的改变而改变;当外界载荷 $f>0$ 时,界面热阻随着载荷的增大而增大。当外界载荷 $f=7.2\text{nN}$ 时,界面热阻比不受力时增大了近一倍。

　　界面热阻的变化可以通过分子结的结构变化进行解释。图 5.3(b)总结了承受外界载荷之后,分子结的结构变化及 C—C 键长的变化,可以发现:当外界载荷 $f>0$ 时,苯环分子与金刚石基底之间的 C—C 键会沿着能量传导的方向被拉伸,而苯环分子内部的键几乎保持不变,因此,分子结的

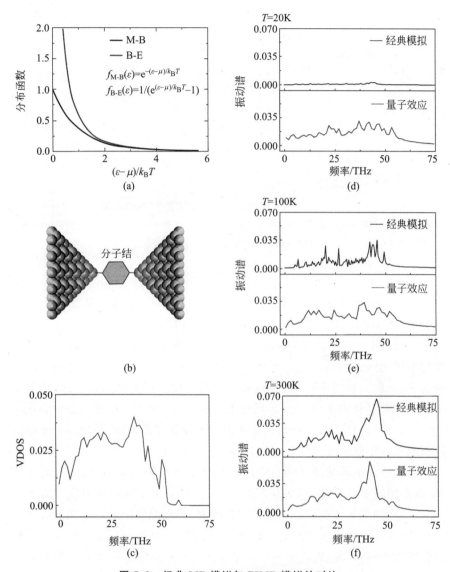

图 5.2　经典 MD 模拟与 PIMD 模拟的对比

（a）根据玻色-爱因斯坦（Bose-Einstein）（量子体系）及麦克斯韦-玻尔兹曼（Maxwell-Boltamann）（经典体系）热力学分布计算得到的占有率密度 $f(\varepsilon)$ 的分布，其中，ε 是粒子的能量，μ 是热力学过程中的化学势，k_B 是玻尔兹曼常数；（b）PIMD 中 DBD 分子结的原子结构；（c）分子结的振动态密度分布图；（d）～（f）经典 MD 与 PIMD 预测的分子结的振动谱在温度 $T=20K$，$100K$ 及 $300K$ 下的比较

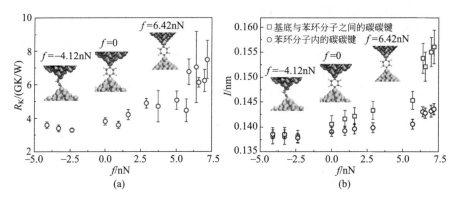

图 5.3　分子结界面的热阻与分子结键长（前附彩图）

（a）穿过分子结界面的界面热阻 R_K 与外界载荷 f 之间的关系；（b）承受外界载荷时，苯环分子内部及苯环分子与基底之间的 C—C 键长的变化

振动模态会由于拉伸而红移。分子结的红移会引起分子结拉伸刚度的降低及声子群速度的降低，进而导致界面热阻增大[92,245]。当外界载荷 f 大于 9.0nN（对应于基底之间的距离大于 0.65nm）时，分子结会由于苯环分子与基底之间的 C—C 键断裂而发生破坏。对于破坏的分子结，苯环分子的一端与基底之间的相互作用变为范德华力（如图 5.1 所示），对应的界面热阻变为 $R_K = 61.38 \times 10^9$ K/W，比没有断裂时增加了近十倍。相反地，当分子结承受的外界载荷 $f < 0$ 时，苯环分子与基底之间的 C—C 键长变化非常小（小于 0.02Å），只会由于键角的弯曲而产生扭转变形，并不会导致分子结拉伸刚度与声子群速度的变化，界面热阻也就几乎保持不变。

　　穿过分子结界面的界面热阻除了与分子结结构相关之外，与环境温度 T_0 也密切相关。利用 NEMD 模拟的方法，计算了不同环境温度下的界面热阻，结果如图 5.4 所示。从图中可以发现，界面热阻随着环境温度的升高而降低，当环境温度从 200K 升高到 400K 时，界面热阻从 5.39×10^9 K/W 降低到 2.82×10^9 K/W。穿过分子结界面的界面热阻与其他研究者测量的 Au/SAM/Au 界面热阻随温度的变化规律一致[241]，但是与晶体材料热阻的变化规律相反，这是因为晶体材料的热阻是反转散射决定的。对于分子结，当环境温度升高时，高能态的声子会被激发而对能量输运过程做出贡献，导致穿过分子结界面的能量输运通道变多，能量传导效率增强，进而引起界面热阻下降。由于可以被激发的振动模态数量与苯环分子和金刚石基底之间振动模态的匹配度相关，当达到一定温度以后，就不会再激发新的高能量

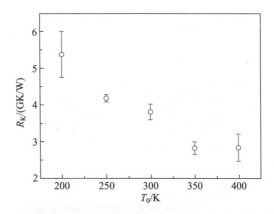

图 5.4　穿过分子结界面的界面热阻 R_K 与外界温度 T 之间的关系

振动模态,因此,当系统温度大于 400K 时,界面热阻趋于收敛,不再降低[194]。

5.2.3　分子结的热耗散与热稳定性

5.2.3.1　单分子结的热耗散与热稳定性

穿过单分子结界面的界面热阻对分子结的能量耗散有重要的影响,接下来,利用 MD 模拟直接研究分子结的能量耗散过程。在分子模拟过程中,用恒定的功率 P 给苯环分子加热,并保持两端 0.5nm 厚的金刚石基底温度为 300K 作为热降。由于系统中电子-电子散射及电子-声子散射可以忽略,利用这种方法可以很好地模拟分子电子器件产生的焦耳热。在加热过程中,由于界面热阻的影响,热量无法有效的耗散出去,苯环分子的温度会逐渐升高并最终达到一个稳定温度 T_M。在图 5.5(a) 的插图中,绘制了 T_M 与加热功率 P 之间的关系,并发现温度演化有两种特征类型:当加热功率 P 较低时,苯环分子的温度与环境温度类似,也就是说能量可以通过分子结界面有效地释放出来;当加热功率 P 较大时,苯环分子的温度会明显升高。

为了描述苯环分子的热稳定性,可以定义一个温度升高的阈值 ΔT_{th},当 $T_M - T_0 < \Delta T_{th}$ 时,苯环分子或分子电子器件可以保证结构的完整性及热稳定性。根据前人对于分子电子器件工作状态的研究,发现当电子器件的温度大于 45K 时,电子器件将无法有效工作,因此可以假定 $\Delta T_{th} = 50$K。根据图 5.5(a) 中苯环分子温度与加热功率之间的关系,我们可以定义一个单分子结的临界加热功率 $P_{cr} = 0.3\mu$W。当加热功率小于 P_{cr} 时,热量可以通过分子结界面有效地耗散出去,不会在苯环分子处积累,此时分子结不会

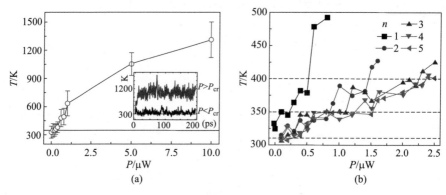

图 5.5　分子结的热量耗散过程（前附彩图）

（a）单分子结的温度 T_M 与加热功率 P 之间的关系，插图是苯环分子与金刚石基底的温度变化
图；（b）不同长度分子结的温度 T 与加热功率之间的关系，图中虚线代表分子结的不同临界温
度 $\Delta T_{th}=10K,50K$ 和 100K

丧失热稳定性；当加热功率大于 P_{cr} 时，热量将无法通过分子结界面有效地
耗散出去，并在苯环分子处急剧地积累，引起苯环分子的温度上升，此时分
子结会丧失热稳定性。

5.2.3.2　多分子-分子结的热耗散及热稳定性

对于多个苯环分子组成的分子结，苯环分子之间的耦合会对穿过分子
结的能量传导及能量耗散有重要的影响。首先研究多分子结的能量耗散过
程，图 5.5(a)总结了不同长度分子结的温度升高与加热功率 P 之间的关
系，可以发现，随着加热功率变大，分子结的温度均会上升，并且当阈值
$\Delta T_{th}=10K,50K$ 和 100K 时，分子结的临界加热功率 P_{cr} 与分子结长度的
关系是一致的，因此，我们可以假定 $\Delta T_{th}=50K$ 来分析分子结的能量耗散
过程。为了研究穿过分子结的能量传导过程，同样计算了不同长度分子结
的界面热阻 R_K。如图 5.6 所示，总结了不同长度分子结的临界加热功率
P_{cr} 及界面热阻 R_K，可以发现，随着分子结长度的增加，界面热阻逐渐升高
并达到一个平台。界面热阻的变化趋势与之前关于二氧化硅基底上的多层
石墨烯之间的界面热阻的变化趋势结果是一致的[51]，说明分子结的界面热
阻主要是由分子与基底之间的界面控制的。

在图 5.6 中，总结了阈值 $\Delta T_{th}=50K$ 时分子结的临界加热功率 P_{cr} 与
分子结长度的关系。可以发现，P_{cr} 随着分子长度的变长而增加。由于分

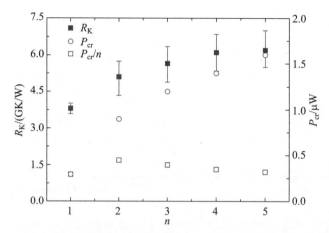

图 5.6　多分子-分子结的界面热阻、临界加热功率与分子结长度 n 之间的关系

为了比较不同长度分子结的临界加热功率,图中还总结了每个分子承载的临界加热功率 P_{cr}/n

子长度变长,分子结可以存储的热量增加,进而可以承受更大的加热功率并且不会丧失热稳定性。为了研究分子结中能量耗散与分子长度的关系,本书同样计算了单个分子可以承受的加热功率 P_{cr}/n,可以发现当 n 从 1 增大到 2 时,P_{cr}/n 会增加,n 继续增加,P_{cr}/n 反而会减小。P_{cr}/n 随 n 的变化趋势与界面热阻的变化趋势是一致的,主要是由苯环分子之间的界面热阻远小于苯环分子-金刚石基底之间的界面热阻引起的。

5.2.4　苯环分子结界面的热输运机制

为了考察苯环分子结的热输运机制,首先计算不同长度苯环分子结的振动态密度,图 5.7(a)～(c)总结了 1 个、2 个及 3 个苯环分子结的振动态密度分布情况。可以发现,分子结的每个苯环分子的振动模态频率基本一致,也就是说,苯环分子之间并不存在振动失配,振动模态可以在分子结内作弹道式输运,并可以把苯环分子看作一个基本单元来分析整个分子结的热输运机制。

根据理论可知,线性链的界面热导 ITC 与热导率 κ 及链长度 L 为 G 与 κ/L 的正比关系,并且热导率与链长为 κ 与 L^α 的正比关系,所以 ITC 与长度满足[246-248]G 与 $L^{\alpha-1}$ 的正比关系,式中,α 为指数因子,可以反应界面热导的能量输运特性。当 $\alpha=0$ 时,热导率是常量,此时界面热导满足扩散式的输运机制;当 $\alpha=1$ 时,热导率与长度呈线性关系,此时界面热导满

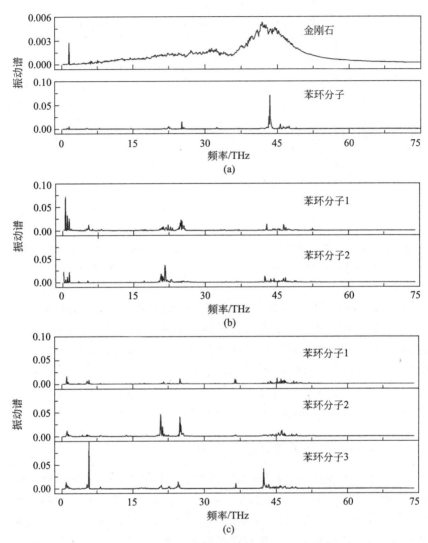

图 5.7　分子结振动谱

多分子-分子结中金刚石基底与苯环分子的振动态密度分布图

足弹道式的能量输运机制；而当 $0 < \alpha < 1$ 时，弹道式与扩散式两种机制共同存在。

图 5.8 对不同长度的苯环分子结界面热导利用 $L^{\alpha-1}$ 关系进行了拟合。从图中可知，当链长小于 4 时，拟合效果很好，指数因子 $\alpha = 0.7$，预示着苯环分子结的热输运过程同时包含扩散式与弹道式两种机制；当链长大

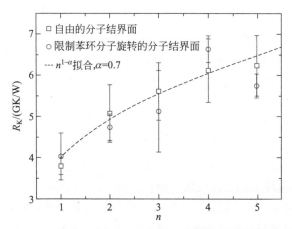

图 5.8　不同长度的苯环分子结的界面热导（前附彩图）

红色表示限制苯环旋转时的情况

于 4 时,界面热导基本不再发生变化,预示着苯环分子结的热输运机制转变为弹道式输运机制。

为了理解苯环分子结不同界面(苯环分子/基底界面及内部界面)的贡献,我们计算了不同长度的苯环分子与金刚石基底之间的振动模态耦合程度[249]$S = \int f_M(\omega) f_d(\omega) d\omega$,式中,$f_M(\omega)$ 和 $f_d(\omega)$ 分别是苯环分子与金刚石基底的振动态密度,ω 是振动模态的频率。表 5-1 总结了不同长度的苯环分子结的耦合程度 S,可以发现 S 在 n 从 1 增大到 2 时会发生明显的降低,而当 $n > 2$ 时变化较小,说明分子结的界面热导主要是由于分子-基底界面所决定[249],这与前文关于临界加热功率的结论一致。

表 5-1　不同长度的苯环分子结的振动态密度耦合程度

任意单位

长度	1	2	3	4	5
耦合程度	75692.4	13610.7	1318.6.3	10656.4	10934.88

5.3　SAM/金刚石分子结界面的热输运机制

5.2 节中,把苯环分子结看作分子电子器件的一部分,研究了穿过其界面的热输运机制及热耗散过程。本节将研究另外一种强耦合界面,即 SAM

分子结。通过在材料之间引入 SAM 分子结界面,可以填充材料之间的间隙并增强材料之间的界面耦合,进而有效降低材料之间的界面热阻。SAM 本身一般具有很好的柔性,是一种极具应用潜力的热界面材料(TIM)。本节将探讨穿过 SAM 分子结界面的热输运机制,并探讨 SAM 作为热界面材料的可能性。

5.3.1　SAM/金刚石分子结模型与界面热导的计算方法

SAM 作为热界面材料,通过与两侧的金刚石表面(001)形成共价键连接的分子结,组成金刚石/SAM/金刚石界面,结构如图 5.9 所示。SAM 是由烷烃链组成的,烷烃链由 N 个—(CH_2)—连接而成,N 的取值范围为 $3\sim21$,对应的 SAM 的厚度为 $0.36\sim2.52\text{nm}$。金刚石基底的宽度与长度均为 3.024nm,厚度为 2.995nm。通过改变 SAM 的厚度与排列密度,我们可以得到不同结构的 SAM/金刚石分子结,进而用以研究不同因素对能量输运过程的影响。

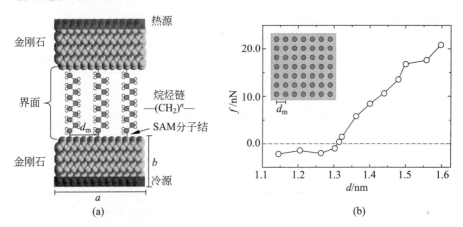

图 5.9　金刚石/SAM 分子结的原子结构及受力状态

(a) 金刚石/SAM 分子结及界面的示意图,其中 d_m 是相邻两个烷烃链的距离,a 是金刚石基底的宽度,b 是金刚石基底的厚度;(b) 外界载荷 f 与两侧金刚石的距离 d 之间的关系(以长度 $N=11$,排列密度 $n=0.44\text{mols/nm}^2$ 为例,其中 mols 表示分子数目),插图是 SAM 中分子链在金刚石表面(001)上的方形分布示意图

本节中所有的 MD 模拟都是由 LAMMPS 软件实现的[85]。由于 AIREBO 势函数[240]可以对碳氢系统的结构、力学及热学性质作出非常合理的预测,因此采用 AIREBO 势函数描述金刚石与 SAM 分子之间的相互

作用力。分子模拟过程中的时间步长设定为 0.2fs。为了消除尺寸效应,在 x、y 方向对金刚石/SAM/金刚石使用周期性边界条件,而在垂直于界面方向使用开放边界条件。界面热导的计算方法与前文苯环分子结界面热导的计算方法相同。

5.3.2　SAM 分子结界面的热输运机制

高分子链的构型及物理性质与分子链的长度密切相关。实验表明,烷烃链的持续长度 l_p 在 0.5nm 左右[250],因此,烷烃的 SAM 在几个纳米厚度时仍可以保持很好的定向性,可以用来填充纳米结构中的间隙。为了研究纳米级厚度的 SAM 的界面热导特性,本书中 SAM 分子链的长度为 0.36~2.57nm,对应的分子链单体数(N)为 3~21。为了排除外界载荷的影响,在 SAM/金刚石分子结完全松弛之后,再计算 ITC,计算过程的边界条件设置如图 5.7 所示。通过调研发现,室温下非共价键以及共价键形成的体材料之间的界面热导分别为 30MW/(m^2·K)(铅/金刚石)[199]和 699.3(TiN/Al_2O_3)[196]MW/(m^2·K),实验上金/SAM/金(分子为—S—$(CH_2)_{10}$—S—)分子结[58]的每个链的界面热导为 16.31~18.5MW/(m^2·K),而本书中 SAM 排列密度较稀疏时,长度 $N=11$ 时每个链的界面热导为(18.11±2.77)MW/(m^2·K),两者非常吻合,证明了分子模拟结果的正确性。

图 5.10 总结了不同厚度的 SAM 层对应的 ITC,可以发现当 $N<4$ 时,ITC 随着 N 的增大而增大;当 $N>4$ 时,ITC 随着 N 的增大而减小,也就是说 $N=4$ 时,ITC 会存在一个极大值。线性链的界面热导 ITC 与热导率 κ 及链长度 L 为 G 与 κ/L 的正比关系,并且热导率与链长的关系为 κ 与 L^α 的正比关系,所以 ITC 与长度满足[246-248] G 与 $L^{\alpha-1}$ 的正比关系,式中,α 为指数因子,可以反映界面热导的能量输运特性。当 $\alpha=0$ 时,热导率是常量,此时界面热导满足扩散式的输运机制;当 $\alpha=1$ 时,热导率与长度呈线性关系,此时界面热导满足弹道式的能量输运机制;而当 $0<\alpha<1$ 时,弹道式与扩散式两种机制共同存在。通过图 5.10 可知,当 SAM 厚度 $N>10$ 时,指数因子 $\alpha=1$,代表此时是典型的弹道式输运,但是对于厚度 N 在 4~10 时,扩散式输运机制比较明显,指数因子为 $\alpha=0.12$。对于非常短的分子链($N<4$),烷烃链内的振动模态不能以整体的形式进行传播,会和金刚石基底的振动模态发生强烈耦合,进而表现出反常的长度依赖性。

通过 SThM 的测量及理论预测,对 SAM 的 ITC 长度依赖性已经有了很多研究。Meier 等人通过实验发现 ITC 在 $N=4$ 时会存在一个极大值,

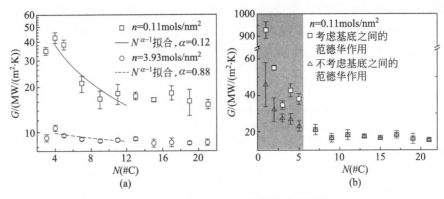

图 5.10 不同厚度 SAM 分结的界面热导

(a) 金刚石/SAM 分子结的 ITC 与分子链长度的关系;

(b) 金刚石基底之间的范德华相互作用对 ITC 的影响

并认为这是由 SAM 的内部振动模态变化引起的[57];Duda 等人通过理论上的扩散式模型研究 ITC 与分子链长度的关系,发现当 $N>5$ 时,热输运过程是弹道式的并且 ITC 与长度无关[248]。但是,长度依赖性的物理本质并不是十分清楚,因此,为了更加清晰地研究 ITC 的长度依赖性,本书将计算 SAM 的振动模态及声子透射系数。首先,通过 MD 方法计算了金刚石/SAM 分子结的振动谱,以及金刚石与 SAM 之间的振动态密度耦合程度。

态密度耦合程度可以通过变量[172] $S = \int f_c(\omega) f_d(\omega) d\omega$ 表征,式中,ω 是振动态密度的频率,$f_c(\omega)$ 和 $f_d(\omega)$ 分别是 SAM 分子层及金刚石基底的振动态密度。如图 5.11(a)所示,总结了不同长度分子链的振动谱及态密度耦合程度。可以发现,当链长 $N<4$ 时,振动模态的频率基本不发生变化,I 也会随着 N 的增大而增大,预示着界面热导随 N 的增大而增大;当链长 $4<N<10$ 时,振动频率低于 25THz 的模态会随着 N 的增大而逐渐向低频率方向移动,并且 I 随着 N 的增大而减小,预示着界面热导随 N 的增大而减小;当 $N>10$ 时,振动频率及 I 均不再发生变化,预示着界面热导也不随着 N 的增大而改变。这与前文 MD 模拟得到 G-N 依赖性是一致的。

为了从弹道式输运的角度分析跨过界面的振动模态的变化,本书利用 NEGF 研究了穿过金刚石/SAM/金刚石界面的声子透射系数[25,26,89,90]。在图 5.11(c)中,总结了不同厚度的 SAM/分子结的声子透射系数 $\Gamma(\omega)$。从图中可知,当 N 从 3 增加到 4 时,总的透射系数并没有发生很大变化,但

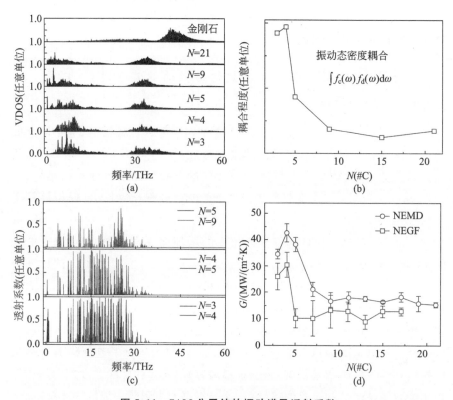

图 5.11　SAM 分子结的振动谱及透射系数

（a）通过 NEMD 模拟计算的不同厚度的 SAM 分子及金刚石基底的振动态密度；（b）SAM 与金刚石基底之间的振动态密度的耦合程度 $I = \int f_c(\omega) f_d(\omega) \mathrm{d}\omega$；（c）通过 NEGF 计算的不同厚度的 SAM/金刚石界面的声子透射系数；（d）根据 NEMD 模拟及 NEGF 方法计算得到的 ITC 的比较

是振动频率 $f < 25\,\mathrm{THz}$ 的模态的透射系数会增加，导致界面热导升高；当 N 从 4 增加到 5 时，振动频率 $f < 25\,\mathrm{THz}$ 的模态的透射系数开始降低，导致界面热导的下降；当 $N > 5$ 时，透射系数变化很小。根据透射系数 $\Gamma(\omega)$，我们可以进一步得到界面热导，如图 5.11(d) 所示。可以发现根据透射系数得到的界面热导与前文中通过 MD 模拟的结果的 G-N 依赖性一致，但是由于在 NEGF 中只考虑了弹性散射及基态，两者 ITC 的大小有差别。根据透射系数的分析，可以发现 SAM 内振动模态的变化及声子透射系数的变化导致了如图 5.8 所示的 G-N 依赖性。

　　SAM/分子结的 G-N 关系可以通过扩散式模型及弹道式模型进行分析，预示着穿过 SAM 界面的热输运过程同时包含扩散式与弹道式两种输运机制,并且当 $N \leqslant 10$ 时,扩散式输运机制起主导作用,而当 $N > 10$ 时,弹道式输运机制起主导作用。

5.3.3　影响 SAM 分子结界面热输运性质的其他因素

5.3.3.1　SAM 排列密度

对于 SAM/金刚石分子结,当 SAM 排列密度 n 比较大时,分子链之间的相互作用就会对沿着分子链的热量输运过程产生重要影响。为了定量研究排列密度 n 的影响,本书创建了一系列的 SAM/金刚石分子结结构,其中,n 从 0.11mols/nm^2 变化到 3.93mols/nm^2 并根据 NEMD 模拟计算了不同排列密度的 ITC,结果如图 5.10 及图 5.12 所示。可以发现,当 $n \leqslant n_c$ (0.98mols/nm^2)时,ITC 随着排列密度的增加而线性增加,表示分子链之间不存在声子散射或热耦合,可以通过线性关系 $G = nG_1$ 预测不同排列密度的 ITC,其中 $G_1 = (0.15 \pm 0.02)$nW/K 是每个烷烃链的界面热导;但是当 $n > n_c$ 时,随着排列密度的增加,ITC 仍然增加但已经偏离线性关系,ITC 小于 $G = nG_1$ 的预测值,说明烷烃链之间会发生声子散射进而减弱沿着烷烃链长度方向的热量输运效率[251]。Sun 等人研究了范德华力对纳米结构(如分子链,碳纳米管束,多层石墨烯等)热输运的影响并发现弱的相互作用会减弱纳米结构自身的热导率,这与本书的发现是一致的[52, 53]。

为了进一步分析排列密度与 ITC 之间的内在联系,本书在图 5.12(b) 中总结了 SAM 中相邻烷烃链之间的最小距离与排列密度的关系。从图

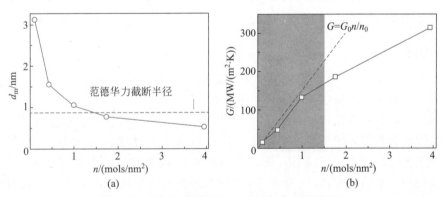

图 5.12　分子结界面热导与排列密度之间的关系

(a) SAM 中烷烃链之间的最小距离与排列密度之间的关系,图中虚线表示 MD 模拟中范德华力的截断距离;(b) SAM/金刚石分子结的 ITC 与排列密度之间的关系

中可以发现,临界排列密度 n_C 对应于 MD 模拟中范德华力的截断半径[240],说明烷烃链之间的范德华力会导致振动模态的耦合进而降低沿着烷烃链方向的热输运效率。必须要指出的是本书中考虑的是链长较短的烷烃链($l<l_p$),SAM 会形成完整的垂直阵列,但是,当链长大于烷烃链的持续长度时,烷烃链之间的热涨落及缠绕会增强烷烃链之间的热耦合进而引起 ITC 更大幅度的降低。

5.3.3.2　外界载荷及基底表面粗糙度

SAM/金刚石基底的热输运过程不仅与 SAM 层的厚度及烷烃链的排列密度相关,与外界载荷 f 亦有密切的联系。本书通过调节金刚石基底之间的距离 d 来调节外界载荷 f,进而研究外界载荷对 SAM 分子结热输运过程的影响。当距离 d 为 1.15~1.53nm 时,对应的外界压强 P 为 3.81GPa(压力)~−16.37GPa(拉力),烷烃链的构型会发生严重变形,但是烷烃链及界面并不会发生破坏。外界载荷及 ITC 与金刚石距离 d 的关系如图 5.13(a)所示,可知当外界载荷是拉力时,ITC 随着外界载荷的增加而降低;而当外界载荷为压力时,ITC 基本不随着外界载荷改变。通过结构分析,发现当 SAM 受到的外界载荷为拉力时,SAM 会被拉长,SAM 与金刚石基底之间的 C—C 键会被拉长,进而降低烷烃链的刚度及振动模态的群速度,最终引起 ITC 的降低[92, 172, 245]。相反地,当 SAM 承受的外界载荷为压力时,SAM 中的烷烃链会通过键角的弯曲发生屈曲,对 C—C 之间共价键的长度并不会引起太大影响,所以,当 SAM 承受压力时,ITC 基本保持不变。SAM 烷烃链屈曲,会轻微地增强烷烃链之间的热耦合,进而轻微地降低 SAM 的 ITC。

在实际应用中,如果基底的表面是粗糙的,SAM/金刚石分子结中会存在残余应变,进而对 SAM 的热输运产生影响。为了定量研究表面粗糙度的影响,我们将表面的拓扑结构设为如图 5.13(b)中的双正弦表面,即 $Z = Z_0 + A\sin(\omega X)\sin(\omega Y)$。两个粗糙表面的平均距离与弛豫的 SAM 的厚度是一样的,并根据表面高度的均方差作为表面粗糙度,即 $R_{RMS} = \left[\sum_{1,M} Z_i^2/M\right]^{1/2}$,式中,$Z_0$ 是粗糙表面的平均高度;为了计算粗糙度需要对表面进行采样,M 是表面的总体采样点的数量;Z_i 是第 i 个采样点的表面的高度[252]。图 5.13(b)总结了穿过表面的 ITC 与表面粗糙度的关系,可知 ITC 随着粗糙度的增加而降低。当表面粗糙度为 1nm 时,ITC 减少了约

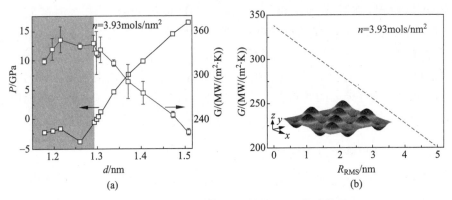

图 5.13 基于表面粗糙度调控的 SAM 界面热导

(a) SAM 承受的外界压强及穿过分子结的 ITC 与金刚石基底之间距离的关系,灰色区域表示的是烷烃链受压状态下的响应;(b) 分子结的 ITC 与金刚石基底表面粗糙度之间的关系,金刚石的表面是双正弦曲面

8.25%;当粗糙度增加到 4.9nm 时,ITC 减少了约 40%。因此,通过控制外界载荷及表面粗糙度可以有效调控 SAM/金刚石分子结的热输运过程。

5.3.4 SAM 作为热界面材料的应用前景

穿过材料界面的热传导过程具有一个特征长度 $l_1 = \kappa / G_K$,式中,κ 是界面两侧材料的热导率,G_K 是界面热导(与界面热阻互为倒数)。当界面材料厚度大于 l_1 时,界面热阻对于穿过界面的能量输运过程的影响可以忽略,因此,可以定义一个热透明因子 $\lambda = L / l_1$ 描述界面热阻的相对大小,L 是界面材料的厚度。另外,具有良好柔性的界面材料可以用于连接表面比较粗糙的材料,并可以在受到外界载荷刺激时保持结构的完整性,因此柔性 Y^{-1} 也是界面材料非常重要的一个参数。因此,同时具有良好的热透明性及柔性是热界面材料的重要特征。

作为传统的 TIM,高分子材料在温度高于玻璃化转变温度时具有很好的柔性,但是由于分子链的缠绕及无序排列,高分子的热导率很低,也就是热透明性较差。同时石墨烯、碳纳米管等低维材料也可以作为 TIM,但是仍具有局限性,比如碳纳米管的垂直阵列可以作为 TIM,具有很好的热透明性质,但是其刚度比较大,与基底材料的匹配性很差;多层的石墨烯作为 TIM 时,虽然具有很好的柔性,但是其界面热传导系数比较低,热透明性质比较差。根据文献报道,有序的烷烃分子链表现出优异的热传导性能[251]，热导率可以高达约 130W/(m·K)，而烷烃链可以在不同的基底上自组装形成 SAM。作为热界面材料，SAM 可以通过与基底材料之间形成分子结而将不同的基底材料连接起来，既可以通过保证烷烃链的定向性而获得优异的热传导性能，也可以通过自身的结构获得良好的柔性，所以，SAM 在热界面材料领域具有重大的潜在应用价值。

5.4　强耦合分子界面的热输运机制讨论

对于穿过界面的热输运的理论模型，主要有 AMM 模型和 DMM 模型两种[253]。对于 AMM 模型，假设穿过界面的声子是由界面两侧的材料决定的并把界面看作一个平面，也就是说声子在界面处不会发生散射，会全部透射过界面，对应的是弹道式的输运机制，AMM 模型定义了界面热输运系数的上限；但是，对于 DMM 模型，假设所有的声子在界面处会发生扩散式的散射，也就是说 DMM 模型定义了界面热输运系数的下限。AMM 模型与 DMM 模型中的声子透射系数分别定义为

$$\Gamma_{AMM} = 4\rho_1 v_1 \rho_2 v_2 / (\rho_1 v_1 + \rho_2 v_2)^2 \tag{5-3a}$$

$$\Gamma_{DMM} = v_2^{-1} / 2 \left(\sum_j v_{1,j}^{-1} + v_2^{-1} \right) \tag{5-3b}$$

以 SAM/金刚石界面为例，v_1 和 v_2 分别是金刚石与 SAM 的振动模态的群速度，ρ_1 和 ρ_2 分别是金刚石与 SAM 的质量密度。

基于 AMM 模型和 DMM 模型，可以计算出烷烃链长 $N=11$，排列密度 $n=0.11$mols/nm² 的 ITC 分别为 8.58MW/(m²·K)和 18.46MW/(m²·K)，结果见表 5-2。可以发现，NEGF 方法与 NEMD 模拟的方法给出的 ITC 均在 AMM 模型与 DMM 模型之间，并与 AMM 模型的结果相近，这也揭示了在该强耦合界面($N=11$)的热输运过程中弹道式机制起主导作用的特性。

表 5-2　不同方法计算的 SAM/金刚石界面的 ITC　　　MW/(m²·K)

方法	DMM	NEGF	NEMD	AMM
ITC	8.58	10.26	18.11	18.46

经过上述分析可以发现，强耦合的分子界面与弱耦合界面的性质有本质的不同。声子或振动模态在穿过弱耦合界面时，会发生强烈的散射，以致忘记本身所具有的群速度或极化矢量，整体以扩散式的机制进行输运。然而，由于强耦合的分子界面是由共价键形成的，所以声子或振动模态穿过该

界面时,可以一定程度地保存自己的群速度或极化矢量从而进行弹道式输运,同时分子与基底之间的振动模态差异很大,也会引起部分振动模态以扩散式机制输运,所以对于强耦合的分子界面,热输运过程既包括扩散式机制,也包括弹道式机制。但是当分子链比较长(大于临界长度)时,弹道式输运机制会占主导,不会引起分子链的界面热导发生变化。所以对于强耦合的分子界面,热输运机制依赖于分子链的长度,比如本章研究的苯环分子结与 SAM 分子结的临界长度分别为 4 个和 12 个单体长度。

5.5　本章小结

本章以金刚石/苯环分子界面及金刚石/SAM 界面为例,研究了分子界面等共价键形成的强耦合界面的热输运过程,得出以下结论。

(1) 强耦合界面的热输运机制与分子链的长度相关,当分子链长度较短时(苯环分子数小于 4 或烷烃链碳原子数小于 10),穿过界面的热输运过程既包括扩散式机制也包括弹道式机制;当分子链较长时,界面热导不随着链长的变化而变化,穿过界面的热输运过程是典型的弹道式输运。

(2) 对于金刚石/苯环分子/金刚石分子结,当界面承受拉力时,界面热导会降低,但是承受压力时,界面热导基本保持不变,并通过热量耗散的分析,发现了保持分子结的热稳定性的临界加热功率在微瓦量级。

(3) 对于金刚石/SAM/金刚石分子结,SAM 面内排列密度的增加会导致烷烃链之间发生热流散射进而降低 SAM 的热输运效率,基底表面粗糙度及外界拉力都会降低金刚石/SAM 界面的热导,并讨论了 SAM 作为热界面材料的应用前景。

通过本章的研究,发现强耦合界面热输运的内在机制与分子链的长度相关,并可以通过外界温度、承受的外界载荷、分子结的厚度等多种手段有效调控分子结界面的热输运效率,这为分子结界面在分子电子器件及热界面材料等微纳米技术领域的实际应用提供了重要的参考依据。

第6章 总结与展望

由于低维材料自身结构的特殊性,缺陷、无序度、界面等因素对热输运过程的影响远大于在三维材料中的影响。理解低维材料中的缺陷、无序度及界面影响热输运过程的内在机制与模型,是推广低维材料在纳米电子器件、热界面材料、热电材料等领域应用的关键,同时也是一个具有重要学术意义的课题。本书使用计算机模拟与理论分析相结合的方法,重点研究了低维材料中缺陷、无序度及界面影响热输运过程的机制,并结合理论分析的手段建立了预测低维材料热输运过程的理论模型,为低维材料在实际应用中的热管理与热设计提供了可靠的依据和新思路。

首先,应用有效介质模型建立了预测含有晶界及氧化官能团缺陷的石墨烯的热导率理论模型。以石墨烯为例,研究了晶界及氧化官能团影响低维材料热输运过程的机制与模型。通过分析不同晶粒尺寸及晶界取向的多晶石墨烯原子热流分布,发现晶界对热流的影响局限在一个宽度约为 0.7nm 的空间内,并将晶界看作有效介质。结合有效介质理论建立了预测不同晶粒尺寸的多晶石墨烯热导率模型,发现当晶粒尺寸接近微米量级时,多晶石墨烯的热导率相对于完美石墨烯只减小约 5%;同时根据有效介质理论,定义了描述不同的氧化官能团影响热输运过程的减弱因子,通过计算机模拟与拉曼实验的方法发现在 GO 的多种官能团中,羰基对具有最大的减弱因子。需要指出的是,由于缺陷在低维材料中的影响范围要大于其在三维材料中的范围,所以在低维材料利用有效介质理论时,有效介质的尺寸并不是晶界或官能团的几何尺寸,而是其真实影响范围的尺寸。

然后,揭示了材料中的无序度会导致材料振动模态的局域化进而影响其热输运过程的机制。通过计算机模拟,计算了含有不同无序度的二维双层二氧化硅的热导率的温度依赖性,发现当无序度较低时,热导率随着温度的升高而增大;当无序度超过 0.3 时,发生了反转,即热导率随着温度的升高而降低,也就是说随着无序度的升高,材料的性质由晶体主导转变成了非晶体主导。接下来,通过 Allen-Feldmann 理论、振动模态的占有率及原子热流的空间局域化程度等多种手段分析了无序度的影响,发现无序度主要通过引起材料中振动模态的局域化来影响材料的热输运过程。当无序度较低时,材料内的振动模态以声子或可扩展的振动为主导,表现出晶体的性质;当无序度较大时(大于临界无序度 0.3),材料内的振动模态以局域化的振动模态为主导,表现出非晶体的性质。在实际应用中,无序度可以成为一个有效的手段来精确调控材料的性质。

接着,发现了扩散式热输运模型可以合理地预测由范德华力形成的弱耦合界面的热输运过程。对于石墨烯/铜基底,发现在界面内插入水分子插层可以有效地调控界面的性质,不仅可以有效减弱石墨烯与金属基底之间的电学耦合,还可以提升界面的热输运效率,降低界面热阻,形成一种"电绝缘,热导通"的界面,并通过扩散式热输运模型进行了合理的解释,相关的发现对于设计新型的晶体管具有重要意义;对于石墨烯/细胞膜界面,发现水分子层对细胞与外界的信息与能量交流具有重要的作用,并依据扩散式模型建立了预测生物纳米界面热输运与热耗散过程的理论模型,为石墨烯在生物纳米传感器、生物热疗法等领域的应用提供了有价值的依据。即石墨烯/铜基底、石墨烯/细胞膜等范德华力形成的弱耦合界面,热输运过程是扩散式的,可以用扩散式模型对其进行非常合理的描述。

最后,发现了分子界面等由共价键形成的强耦合界面的热输运过程机制依赖于分子链的长度。当分子链长度较短时,穿过界面的热输运过程既包括扩散式机制也包括弹道式机制;当分子链较长时,穿过界面的热输运过程是典型的弹道式机制。对于金刚石/苯环分子/金刚石分子结,还通过热量耗散分析发现了保持分子结热稳定性的临界加热功率在微瓦量级;对于金刚石/SAM/金刚石分子结,还探讨了面内排列密度、基底表面粗糙度及外界载荷对界面热导的调控作用,探讨了 SAM 作为热界面材料的巨大应用前景。

本书的着眼点在于低维材料的微观结构与热输运机理及模型之间的联系。通过计算机模拟与理论分析相结合的手段,揭示了低维材料中晶界、化学官能团、无序度、弱耦合界面及强耦合界面等微观结构影响热输运过程的内在机制及理论模型。上述结论为石墨烯、二维双层二氧化硅及分子链等低维材料在纳米电子器件、热界面材料、生物传感器、可穿戴的柔性电子器件等领域的应用场景的热管理与热设计提供了十分重要的参考依据。

参 考 文 献

[1] CHEN G. Nanoscale energy transport and conversion: A parallel treatment of electrons, molecules, phonons, and photons[M]. Oxford: Oxford University Press, 2005.

[2] LIN Y-M, VALDES-GARCIA A, HAN S-J, et al. Wafer-scale graphene integrated circuit[J]. Science, 2011, 332(6035): 1294-1297.

[3] AVOURIS P. Graphene: Electronic and photonic properties and devices[J]. Nano Lett., 2010, 10(11): 4285-4294.

[4] ANG P K, JAISWAL M, LIM C H Y X, et al. A bioelectronic platform using a graphene-lipid bilayer interface[J]. ACS Nano, 2010, 4(12): 7387-7394.

[5] POUDEL B, HAO Q, MA Y, et al. High-thermoelectric performance of nanostructured bismuth antimony telluride bulk alloys[J]. Science, 2008, 320(5876): 634-638.

[6] SERGUEEV N, SHIN S, KAVIANY M, et al. Efficiency of thermoelectric energy conversion in biphenyl-dithiol junctions: Effect of electron-phonon interactions[J]. Phys. Rev. B, 2011, 83(19541519).

[7] MALDOVAN M, THOMAS E L. Simultaneous localization of photons and phonons in two-dimensional periodic structures[J]. Appl. Phys. Lett., 2006, 88 (25): 251907.

[8] KAMEI Y, SUZUKI M, WATANABE K, et al. Infrared laser-mediated gene induction in targeted single cells in *vivo*[J]. Nat. Methods, 2009, 6(1): 79-81.

[9] NOVOSELOV K, JIANG D, SCHEDIN F, et al. Two-dimensional atomic crystals[J]. Proc. Natl. Acad. Sci. USA, 2005, 102(30): 10451-10453.

[10] NOVOSELOV K S, GEIM A K, MOROZOV S V, et al. Electric field effect in atomically thin carbon films[J]. Science, 2004, 306(5696): 666.

[11] BALANDIN A A, GHOSH S, BAO W, et al. Superior thermal conductivity of single-layer graphene[J]. Nano Lett., 2008, 8(3): 902-907.

[12] GRANTAB R, SHENOY V B, RUOFF R S. Anomalous strength characteristics of tilt grain boundaries in graphene[J]. Science, 2010, 330(6006): 946-948.

[13] LIN Y C, DUMCENCON D O, HUANG Y S, et al. Atomic mechanism of the

semiconducting-to-metallic phase transition in single-layered MoS_2 [J]. Nat. Nanotechnol. , 2014, 9(5): 391-396.

[14] SCHWIERZ F. Graphene transistors[J]. Nat. Nanotechnol, 2010, 5 (7): 487-496.

[15] CHEN C, SMYE S W, ROBINSON M P, et al. Membrane electroporation theories: A review[J]. Med. Biol. Eng. Comput. , 2006, 44(1-2): 5-14.

[16] MAK K F, LEE C, HONE J, et al. Atomically thin MoS_2 : A new direct-gap semiconductor[J]. Phys. Rev. Lett. , 2010, 105(13).

[17] XU Z. Heat transport in low-dimensional materials: A review and perspective [J]. Theoretical and Applied Mechanics Letters, 2016, 6(3): 113-121.

[18] SIEVERS A J, TAKENO S. Intrinsic localized modes in anharmonic crystals [J]. Phys. Rev. Lett. , 1988, 61(8): 970-973.

[19] CEPELLOTTI A, FUGALLO G, PAULATTO L, et al. Phonon hydrodynamics in two-dimensional materials[J]. Nature Communications, 2015, 6: 6400.

[20] MO Y, SZLUFARSKA I. Nanoscale heat transfer: Single hot contacts[J]. Nat. Mater. , 2013, 12(1): 9-11.

[21] CHANG C W, OKAWA D, MAJUMDAR A, et al. Solid-state thermal rectifier [J]. Science, 2006, 314(5802): 1121-1124.

[22] POP E, MANN D, WANG Q, et al. Thermal conductance of an individual single-wall carbon nanotube above room temperature[J]. Nano Lett. , 2006, 6(1): 96-100.

[23] SHINDÉ S L, GOELA J. High thermal conductivity materials[M]. Berlin: Springer, 2006;

[24] CAYIAS J L, SCHECHTER R S, WADE W H. The utilization of petroleum sulfonates for producing low interfacial tensions between hydrocarbons and water [J]. J. Colloid Interface Sci. , 1977, 59(1): 31-38.

[25] OOSTENBRINK C, VILLA A, MARK A E, et al. A biomolecular force field based on the free enthalpy of hydration and solvation: The GROMOS force-field parameter sets 53A5 and 53A6 [J]. J. Comput. Chem. , 2004, 25 (13): 1656-1676.

[26] GENG D, WU B, GUO Y, et al. Uniform hexagonal graphene flakes and films grown on liquid copper surface[J]. Proc. Natl. Acad. Sci. , 2012, 109(21): 7992-7996.

[27] ZIMAN J M. Electrons and phonons: The theory of transport phenomena in solids[M]. Oxford: Oxford University Press, 2001.

[28] HAO F, FANG D, XU Z. Mechanical and thermal transport properties of graphene with defects[J]. Appl. Phys. Lett. , 2011, 99(4): 041901.

[29] BAGRI A, KIM S-P, RUOFF R S, et al. Thermal transport across twin grain boundaries in polycrystalline graphene from nonequilibrium molecular dynamics simulations[J]. Nano Lett. , 2011, 11(9): 3917-3921.

[30] CAO A, QU J. Kapitza conductance of symmetric tilt grain boundaries in graphene[J]. J. Appl. Phys. , 2012, 111(5): 053529.

[31] BACZEWSKI A D, BOND S D. Numerical integration of the extended variable generalized Langevin equation with a positive Prony representable memory kernel [J]. J. Chem. Phys. , 2013, 139(4): 044107.

[32] LOH K P, BAO Q, EDA G, et al. Graphene oxide as a chemically tunable platform for optical applications[J]. Nat. Chem. , 2010, 2(12): 1015-1024.

[33] MU X, WU X, ZHANG T, et al. Thermal transport in graphene oxide-from ballistic extreme to amorphous limit[J]. Sci. Rep. , 2014, 4.

[34] ZHENG Q, GENG Y, WANG S, et al. Effects of functional groups on the mechanical and wrinkling properties of graphene sheets[J]. Carbon, 2010, 48(15): 4315-4322.

[35] SUK J W, PINER R D, AN J, et al. Mechanical properties of monolayer graphene oxide[J]. ACS Nano, 2010, 4(11): 6557-6564.

[36] SRIVASTAVA G P. The physics of phonons[M]. New York: Taylor & Francis Group, 1990;

[37] ALLEN P B, FELDMAN J L. Thermal conductivity of disordered harmonic solids[J]. Phys. Rev. B, 1993, 48(17): 12581-12588.

[38] LARKIN J M, MCGAUGHEY A J H. Thermal conductivity accumulation in amorphous silica and amorphous silicon[J]. Phys. Rev. B, 2014, 89(14): 144303.

[39] ABRAHAMS E, ANDERSON P W, LICCIARDELLO D C, et al. Scaling theory of localization: Absence of quantum diffusion in two dimensions[J]. Phys. Rev. Lett. , 1979, 42(10): 673-676.

[40] SHENG P. Introduction to wave scattering, localization and mesoscopic phenomena[M]. Berlin: Springer, 2010.

[41] LICHTENSTEIN L, HEYDE M, FREUND H-J. Crystalline-vitreous interface in two dimensional silica[J]. Phys. Rev. Lett. , 2012, 109(10): 106101.

[42] HEYDE M, SHAIKHUTDINOV S, FREUND H J. Two-dimensional silica: Crystalline and vitreous[J]. Chemical Physics Letters, 2012, 550: 1-7.

[43] NEEK-AMAL M, XU P, SCHOELZ J K, et al. Thermal mirror buckling in freestanding graphene locally controlled by scanning tunnelling microscopy[J]. Nature Communications, 2014, 5.

[44] LU N, WANG J, FLORESCA H C, et al. In situ studies on the shrinkage and expansion of graphene nanopores under electron beam irradiation at temperatures in the range of 400~1200℃[J]. Carbon, 2012, 50(8): 2961-2965.

[45] ASGHAR W, ILYAS A, BILLO J, et al. Shrinking of solid-state nanopores by direct thermal heating[J]. Nanoscale Res. Lett., 2011, 6(1): 372.

[46] HUANG P Y, KURASCH S, ALDEN J S, et al. Imaging atomic rearrangements in two-dimensional silica glass: Watching silica's dance [J]. Science, 2013, 342(6155): 224-227.

[47] HUANG P Y, KURASCH S, SRIVASTAVA A, et al. Direct imaging of a two-dimensional silica glass on graphene[J]. Nano Lett., 2012, 12(2): 1081-1086.

[48] PETERSON R E, ANDERSON A C. Acoustic-mismatch model of the Kaptiza resistance[J]. Phys. Lett. A, 1972, 40(4): 317-319.

[49] REDDY P, CASTELINO K, MAJUMDAR A. Diffuse mismatch model of thermal boundary conductance using exact phonon dispersion[J]. Appl. Phys. Lett., 2005, 87(21): 211908.

[50] SHENOGIN S, XUE L, OZISIK R, et al. Role of thermal boundary resistance on the heat flow in carbon-nanotube composites[J]. J. Appl. Phys., 2004, 95(12): 8136-8144.

[51] WANG H, GONG J, PEI Y, et al. Thermal transfer in graphene-interfaced materials: Contact resistance and interface engineering[J]. ACS Appl. Mater. Interfaces, 2013, 5(7): 2599-2603.

[52] SUN T, WANG J, KANG W. Van der Waals interaction-tuned heat transfer in nanostructures[J]. Nanoscale, 2013, 5(1): 128-133.

[53] SUN T, WANG J, KANG W. Heat transfer in heterogeneous nanostructures can be described by a simple chain model[J]. Phys. Chem. Chem. Phys., 2014, 16(32): 16914-16918.

[54] MAO R, KONG B D, KIM K W, et al. Phonon engineering in nanostructures: Controlling interfacial thermal resistance in multilayer-graphene/dielectric heterojunctions[J]. Appl. Phys. Lett., 2012, 101(11): 113111.

[55] LEE W, KIM K, JEONG W, et al. Heat dissipation in atomic-scale junctions [J]. Nature, 2013, 498(7453): 209.

[56] O'BRIEN P J, SHENOGIN S, LIU J, et al. Bonding-induced thermal conductance enhancement at inorganic heterointerfaces using nanomolecular monolayers[J]. Nat. Mater., 2013, 12(2): 118-122.

[57] MEIER T, MENGES F, NIRMALRAJ P, et al. Length-dependent thermal transport along molecular chains[J]. Phys. Rev. Lett., 2014, 113(6): 060801.

［58］ LUO T，LLOYD J R. Equilibrium molecular dynamics study of lattice thermal conductivity/conductance of Au-SAM-Au junctions[J]. Journal of heat transfer, 2009，132(3)：032401-032401.

［59］ LUO T，LLOYD J R. Enhancement of thermal energy transport across graphene/graphite and polymer interfaces：A molecular dynamics study[J]. Adv. Funct. Mater.，2012，22(12)：2495-2502.

［60］ 唐大伟，王照亮. 微纳米材料和结构热物性特征表征[M]. 北京：科学出版社，2010.

［61］ LEE S-M，CAHILL D G. Heat transport in thin dielectric films[J]. J. Appl. Phys.，1997，81(6)：2590-2595.

［62］ WAITE W F，STERN L A，KIRBY S H，et al. Simultaneous determination of thermal conductivity，thermal diffusivity and specific heat in sI methane hydrate [J]. Geophysical Journal International，2007，169(2)：767-774.

［63］ WANG Z L，TANG D W，ZHENG X H. Simultaneous determination of thermal conductivities of thin film and substrate by extending 3ω-method to wide-frequency range[J]. Applied Surface Science，2007，253(22)：9024-9029.

［64］ PARKER W J，JENKINS R J，BUTLER C P，et al. Flash method of determining thermal diffusivity，heat capacity，and thermal conductivity[J]. J. Appl. Phys.，1961，32(9)：1679-1684.

［65］ EESLEY G L. Observation of nonequilibrium electron heating in copper[J]. Phys. Rev. Lett.，1983，51(23)：2140-2143.

［66］ FURSTENBERG R，KENDZIORA C，PAPANTONAKIS M，et al. In advances in photo-thermal infrared imaging microspectroscopy[C]//Scanning Microscopies 2013：Advanced Microscopy Technologies for Defense，Homeland Security，Forensic，Life，Environmental，and Industrial Sciences. International Society for Optics and Photonics，2013：87290.

［67］ CAI W，MOORE A L，ZHU Y，et al. Thermal transport in suspended and supported monolayer graphene grown by chemical vapor deposition[J]. Nano Lett. 2010，10(5)：1645-1651.

［68］ LIU Z H，FAN C C，ZHANG T T，et al. Density functional theory study of the interaction between sodium dodecylbenzenesulfonate and mineral cations[J]. Acta Phys. -Chim. Sin.，2016，32(2)：445-452.

［69］ SHOLL D，STECKEL J A. Density functional theory：A practical introduction [M]. Hoboken：John Wiley & Sons，2011.

［70］ 李健；周勇. 密度泛函理论[M]. 北京：国防工业出版社，2014.

［71］ KOHN W，SHAM L J. Self-consistent equations including exchange and correlation effects[J]. Phys. Rev.，1965，140(4A)：A1133-A1138.

[72] PERDEW J P, WANG Y. Accurate and simple analytic representation of the electron-gas correlation energy[J]. Phys. Rev. B, 1992, 45(23): 13244-13249.

[73] PERDEW J P, BURKE K, ERNZERHOF M. Generalized gradient approximation made simple[J]. Phys. Rev. Lett. , 1996, 77(18): 3865-3868.

[74] VANIN M, MORTENSEN J J, KELKKANEN A K, et al. Graphene on metals: A van der Waals density functional study[J]. Phys. Rev. B, 2010, 81(8): 081408.

[75] KRESSE G, FURTHMÜLLER J. Efficient iterative schemes for *ab* initio total-energy calculations using a plane-wave basis set[J]. Phys. Rev. B, 1996, 54(16): 11169-11186.

[76] ALDER B J, WAINWRIGHT T E. Studies in molecular dynamics. I. General method[J]. J. Chem. Phys. , 1959, 31(2): 459-466.

[77] JONES J E. On the determination of molecular fields. II. From the equation of state of a gas[J]. Proceedings of the Royal Society A: Mathematical, Phys. Eng. Sci. , 1924, 106(738): 463-477.

[78] LINDSAY L, BROIDO D A. Optimized Tersoff and Brenner empirical potential parameters for lattice dynamics and phonon thermal transport in carbon nanotubes and graphene[J]. Phys. Rev. B, 2010, 81(20): 205441.

[79] NI B, LEE K-H, SINNOTT S, B. A reactive empirical bond order (REBO) potential for hydrocarbon-oxygen interactions [J]. J. Phys. Condens. Matter, 2004, 16(41): 7261.

[80] STUART S. A reactive potential for hydrocarbons with intermolecular interactions[J]. Journal of Chemical Physics, 2000, 112(14): 6472.

[81] FOILES S M, BASKES M I, DAW M S. Embedded-atom-method functions for the fcc metals Cu, Ag, Au, Ni, Pd, Pt, and their alloys[J]. Phys. Rev. B, 1986, 33(12): 7983-7991.

[82] CHATTERJEE S, DEBENEDETTI P G, STILLINGER F H, et al. A computational investigation of thermodynamics, structure, dynamics and solvation behavior in modified water models[J]. J. Chem. Phys. , 2008, 128(12): 124511.

[83] SUTMANN G. Classical molecular dynamics[M]. [S. l.]: Citeseer, 2002.

[84] BERENDSEN H J C, POSTMA J P M, VAN GUNSTEREN W F, et al. Molecular dynamics with coupling to an external bath[J]. J. Chem. Phys. , 1984, 81(8): 3684-3690.

[85] PLIMPTON S. Fast parallel algorithms for short-range molecular dynamics[J]. J. Comput. Phys. , 1995, 117(1): 1-19.

[86] ESCOBEDO M, MISCHLER S. On a quantum Boltzmann equation for a gas of photons[J]. Journal de Mathématiques Pures et Appliquées, 2001, 80 (5):

471-515.

[87] LADD A J C, MORAN B, HOOVER W G. Lattice thermal conductivity: A comparison of molecular dynamics and anharmonic lattice dynamics[J]. Phys. Rev. B, 1986, 34(8): 5058-5064.

[88] THOMAS J A, TURNEY J E, IUTZI R M, et al. Predicting phonon dispersion relations and lifetimes from the spectral energy density[J]. Phys. Rev. B, 2010, 81(8): 081411.

[89] WANG J-S, WANG J, LÜ J T. Quantum thermal transport in nanostructures [J]. Eur. Phys. J. B, 2008, 62(4): 381-404.

[90] LU Y, GUO J. Thermal transport in grain boundary of graphene by non-equilibrium Green's function approach [J]. Appl. Phys. Lett. , 2012, 101(4): 043112.

[91] 段文晖, 张刚. 纳米材料热传导[M]. 北京:科学出版社, 2016.

[92] XU Z, BUEHLER M J. Strain controlled thermomutability of single-walled carbon nanotubes[J]. Nanotechnology, 2009, 20(18): 185701.

[93] MÜLLER-PLATHE F. A simple nonequilibrium molecular dynamics method for calculating the thermal conductivity[J]. J. Chem. Phys. , 1997, 106(14): 6082-6085.

[94] SCHELLING P K, PHILLPOT S R, KEBLINSKI P. Comparison of atomic-level simulation methods for computing thermal conductivity[J]. Phys. Rev. B, 2002, 65(14): 144306.

[95] WICK C D, CHANG T-M, SLOCUM J A, et al. Computational investigation of the n-alkane/water interface with many-body potentials: The effect of chain length and ion distributions[J]. J. Phys. Chem. C, 2011, 116(1): 783-790.

[96] ZHANG L, LUO L, ZHAO S, et al. Studies of synergism/antagonism for lowering dynamic interfacial tensions in surfactant/alkali/acidic oil systems: 1. Synergism/antagonism in surfactant/model oil systems[J]. J. Colloid Interface Sci. , 2002, 249(1): 187-193.

[97] ZHANG J-C, GUO L-L, ZHANG L, et al. , Surface dilational properties of sodium 4-(1-methyl)-alkyl benzene sulfonates: Effect of alkyl chain length. In Zeitschrift für Physikalische Chemie International journal of research in physical chemistry and chemical physics, 2013, 227: 429.

[98] YANG W, YANG X. Molecular dynamics study of the foam stability of a mixed surfactant/water system with and without calcium ions[J]. J. Phys. Chem. B, 2011, 115(16): 4645-4653.

[99] SCHWEIGHOFER K J, ESSMANN U, BERKOWITZ M. Simulation of sodium

dodecyl sulfate at the water-vapor and water-carbon tetrachloride interfaces at low surface coverage[J]. J. Phys. Chem. B, 1997, 101(19): 3793-3799.

[100] PANG J, WANG Y, XU G, et al. Molecular dynamics simulations of SDS, DTAB, and $C_{12}E_8$ monolayers adsorbed at the air/water surface in the presence of DSEP[J]. J. Phys. Chem. B, 2011, 115(11): 2518-2526.

[101] CAPINSKI W S, MARIS H J. Thermal conductivity of GaAs/AlAs superlattices[J]. Phys. Rev. B, 1996, 219: 699.

[102] NIKA D L, ASKEROV A S, BALANDIN A A. Anomalous size dependence of the thermal conductivity of graphene ribbons[J]. Nano Lett. , 2012, 12(6): 3238-3244.

[103] DENIS L N, ALEXANDER A B. Two-dimensional phonon transport in graphene[J]. J. Phys. Condens. Matter, 2012, 24(23): 233203.

[104] DUKHIN A, PARLIA S. Ions, ion pairs and inverse micelles in non-polar media[J]. Curr. Opin. Colloid In. , 2013, 18(2): 93-115.

[105] LI Y, HE X, CAO X, et al. Molecular behavior and synergistic effects between sodium dodecylbenzene sulfonate and Triton X-100 at oil/water interface[J]. J. Colloid Interface Sci. , 2007, 307(1): 215-220.

[106] EVANS W J, HU L, KEBLINSKI P. Thermal conductivity of graphene ribbons from equilibrium molecular dynamics: Effect of ribbon width, edge roughness, and hydrogen termination[J]. Appl. Phys. Lett. , 2010, 96(20): 203112.

[107] BALANDIN A A, NIKA D L. Phononics in low-dimensional materials[J]. Materials Today, 2012, 15(6): 266-275.

[108] BALANDIN A A. Thermal properties of graphene and nanostructured carbon materials[J]. Nat. Mater. , 2011, 10(8): 569-581.

[109] PETROV M, MINOFAR B, VRBKA L, et al. Aqueous ionic and complementary zwitterionic soluble surfactants: Molecular dynamics simulations and sum frequency generation spectroscopy of the surfaces [J]. Langmuir, 2006, 22(6): 2498-2505.

[110] KHURANA E, NIELSEN S O, KLEIN M L. Gemini surfactants at the air/water interface: A fully atomistic molecular synamics study[J]. J. Phys. Chem. B, 2006, 110(44): 22136-22142.

[111] SHI L, TUMMALA N R, STRIOLO A. $C_{12}E_6$ and SDS surfactants simulated at the vacuum-water interface[J]. Langmuir, 2010, 26(8): 5462-5474.

[112] HUMPHREY W, DALKE A, SCHULTEN K. VMD: Visual molecular dynamics[J]. J. Mol. Graph. , 1996, 14(1): 33-38.

[113] YAN H, GUO X-L, YUAN S-L, et al. Molecular dynamics study of the effect

of calcium ions on the monolayer of SDC and SDSn surfactants at the vapor/liquid interface[J]. Langmuir, 2011, 27(10): 5762-5771.

[114] JANG S S, LIN S-T, MAITI P K, et al. Molecular dynamics study of a surfactant-mediated decane-water Interface: Effect of molecular architecture of alkyl benzene sulfonate[J]. J. Phys. Chem. B, 2004, 108(32): 12130-12140.

[115] LIGGIERI L, MILLER R. Relaxation of surfactants adsorption layers at liquid interfaces[J]. Curr. Opin. Colloid In. , 2010, 15(4): 256-263.

[116] ZHANG R, SOMASUNDARAN P. Advances in adsorption of surfactants and their mixtures at solid/solution interfaces[J]. Advances in Colloid and Interface Science, 2006, 123-126: 213-229.

[117] WEI Y, WU J, YIN H, et al. The nature of strength enhancement and weakening by pentagon-heptagon defects in graphene[J]. Nat. Mater. , 2012, 11(9): 759-763.

[118] BERENDSEN H J C, POSTMA J P M, VAN GUNSTEREN W F, et al. Interaction models for water in relation to protein hydration[J]. Intermolecular Forces, 1981: 331-342.

[119] UDAYANA RANATUNGA R J K, KALESCKY R J B, CHIU C-C, et al. Molecular dynamics simulations of surfactant functionalized nanoparticles in the vicinity of an oil/water interface[J]. J. Phys. Chem. C, 2010, 114(28): 12151-12157.

[120] HAO F, FANG D, XU Z. Thermal transport in crystalline Si/Ge nano-composites: Atomistic simulations and microscopic models[J]. Appl. Phys. Lett. , 2012, 100(9): 091903.

[121] LEE W, KIHM K D, KIM H G et al. In-plane thermal conductivity of polycrystalline chemical vapor deposition graphene with controlled grain sizes [J]. Nano Letters, 2017, 17(4):2361-2366.

[122] BERMAN R. Thermal conduction in solids[M]. Oxford: Oxford University Press, 1976.

[123] YANG J, QIAO W, LI Z, et al. Effects of branching in hexadecylbenzene sulfonate isomers on interfacial tension behavior in oil/alkali systems[J]. Fuel, 2005, 84(12-13): 1607-1611.

[124] POP E, VARSHNEY V, ROY A K. Thermal properties of graphene: Fundamentals and applications[J]. MRS Bulletin, 2012, 37(12): 1273-1281.

[125] KIM P, SHI L, MAJUMDAR A, et al. Thermal transport measurements of individual multiwalled nanotubes[J]. Phys. Rev. Lett. , 2001, 87(21): 215502.

[126] SHI W-X, GUO H-X. Structure, interfacial properties, and dynamics of the

sodium alkyl sulfate type surfactant monolayer at the water/trichloroethylene interface: A molecular dynamics simulation study[J]. J. Phys. Chem. B, 2010, 114(19): 6365-6376.

[127] HE H, KLINOWSKI J, FORSTER M, et al. A new structural model for graphite oxide[J]. Chemical Physics Letters, 1998, 287(1-2): 53-56.

[128] GAO W, ALEMANY L B, CI L, et al. New insights into the structure and reduction of graphite oxide[J]. Nat. Chem., 2009, 1(5): 403-408.

[129] GÓMEZ-NAVARRO C, MEYER J C, SUNDARAM R S, et al. Atomic structure of reduced graphene oxide[J]. Nano Lett., 2010, 10(4): 1144-1148.

[130] BAGRI A, MATTEVI C, ACIK M, et al. Structural evolution during the reduction of chemically derived graphene oxide[J]. Nat. Chem., 2010, 2(7): 581-587.

[131] CHEN S, WU Q, MISHRA C, et al. Thermal conductivity of isotopically modified graphene[J]. Nat. Mater., 2012, 11(3): 203-7.

[132] ECKMANN A, FELTEN A, MISHCHENKO A, et al. Probing the nature of defects in graphene by raman spectroscopy[J]. Nano Lett., 2012, 12(8): 3925-3930.

[133] MUNETOH S, MOTOOKA T, MORIGUCHI K, et al. Interatomic potential for Si-O systems using Tersoff parameterization[J]. Comp. Mater. Sci., 2007, 39(2): 334-339.

[134] CHEN J, ZHANG G, LI B. Thermal contact resistance across nanoscale silicon dioxide and silicon interface[J]. J. Appl. Phys., 2012, 112(6): 064319.

[135] YEO J J, LIU Z S, NG T Y. Enhanced thermal characterization of silica aerogels through molecular dynamics simulation[J]. Model. Simul. Mater. SC., 2013, 21(7): 075004.

[136] CAHILL D G, POHL R O. Lattice vibrations and heat transport in crystals and glasses[J]. Annu. Rev. Phys. Chem., 1988, 39(1): 93-121.

[137] REGNER K T, SELLAN D P, SU Z, et al. Broadband phonon mean free path contributions to thermal conductivity measured using frequency domain thermoreflectance[J]. Nature Communications, 2013, 4: 1640.

[138] TOULOUKIAN Y. Thermophysical properties of matter[M]. New York: Plenum, 1970.

[139] WANG Y, SONG Z, XU Z. Characterizing phonon thermal conduction in polycrystalline graphene[J]. J. Mater. Res., 2014, 29(03): 362-372.

[140] SHANKS H R, MAYCOCK P D, SIDLES P H, et al. Thermal conductivity of silicon from 300 to 1400 K[J]. Phys. Rev., 1963, 130(5): 1743-1748.

[141]　UMA S, MCCONNELL A D, ASHEGHI M, et al. Temperature-dependent thermal conductivity of undoped polycrystalline silicon layers [J]. Int. J. Thermophys. , 2001, 22(2): 605-616.

[142]　FELDMAN J L, KLUGE M D, ALLEN P B, et al. Thermal conductivity and localization in glasses: Numerical study of a model of amorphous silicon[J]. Phys. Rev. B, 1993, 48(17): 12589-12602.

[143]　BALDI G, GIORDANO V M, MONACO G, et al. Thermal conductivity and terahertz vibrational dynamics of vitreous silica [J]. Phys. Rev. B, 2008, 77(21): 214309.

[144]　CHEN G. Ballistic-diffusive heat-conduction equations[J]. Phys. Rev. Lett. , 2001, 86(11): 2297-2300.

[145]　FELDMAN J L, ALLEN P B, BICKHAM S R. Numerical study of low-frequency vibrations in amorphous silicon[J]. Phys. Rev. B, 1999, 59 (5): 3551-3559.

[146]　ISLAM M S, TANAKA S, HASHIMOTO A. Effect of vacancy defects on phonon properties of hydrogen passivated graphene nanoribbons[J]. Carbon, 2014, 80(0): 146-154.

[147]　NAGEL S R, GREST G S, RAHMAN A. Phonon localization and anharmonicity in model glasses[J]. Phys. Rev. Lett. , 1984, 53(4): 368-371.

[148]　JIN W, VASHISHTA P, KALIA R K, et al. Dynamic structure factor and vibrational properties of SiO$_2$ glass [J]. Phys. Rev. B, 1993, 48 (13): 9359-9368.

[149]　BONYÁR A, MOLNÁR L M, HARSÁNYI G. Localization factor: A new parameter for the quantitative characterization of surface structure with atomic force microscopy(AFM)[J]. Micron, 2012, 43(2-3): 305-310.

[150]　WILSON R B, CAHILL D G. Experimental validation of the interfacial form of the Wiedemann-Franz law[J]. Phys. Rev. Lett. , 2012, 108(25): 255901.

[151]　GENG D, MENG L, CHEN B, et al. Controlled growth of dingle-crystal twelve-pointed graphene grains on a liquid cu surface[J]. Adv. Mater. , 2014, 26(37): 6423-6429.

[152]　CHEN J, GUO Y, JIANG L, et al. Graphene: Near-equilibrium chemical vapor deposition of high-quality single-crystal graphene directly on various dielectric substrates[J]. Adv. Mater. , 2014, 26(9): 1471-1471.

[153]　BERGER C, SONG Z, LI X, et al. Electronic confinement and coherence in patterned epitaxial graphene[J]. Science, 2006, 312(5777): 1191-1196.

[154]　KARPAN V M, GIOVANNETTI G, KHOMYAKOV P A, et al. Graphite and

graphene as perfect spin filters[J]. Phys. Rev. Lett. , 2007, 99(17): 176602.

[155] GIOVANNETTI G, KHOMYAKOV P A, BROCKS G, et al. Doping graphene with metal contacts[J]. Phys. Rev. Lett. , 2008, 101(2): 026803-4.

[156] XU Z, BUEHLER M, J. Interface structure and mechanics between graphene and metal substrates: a first-principles study[J]. J. Phys. Condens. Matter, 2010, 22(48): 485301.

[157] LI X, FENG J, WANG E, et al. Influence of water on the electronic structure of metal-supported graphene: Insights from van der Waals density functional theory[J]. Phys. Rev. B, 2012, 85(8): 085425.

[158] XU Z, BUEHLER M J. Interface structure and mechanics between graphene and metal substrates: a first-principles study[J]. J. Phys. Condens. Matter, 2010, 22(48): 485301-5.

[159] PERDEW J P, ZUNGER A. Self-interaction correction to density-functional approximations for many-electron systems[J]. Phys. Rev. B, 1981, 23(10): 5048-5079.

[160] PAOLO G, STEFANO B, NICOLA B, et al. Quantum espresso: A modular and open-source software project for quantum simulations of materials[J]. J. Phys. Condens. Matter, 2009, 21(39): 395502.

[161] XU Z, BUEHLER M J. Heat dissipation at a graphene-substrate interface[J]. J. Phys. Condens. Matter, 2012, 24(47): 475305.

[162] XU Z, BUEHLER M J. Nanoengineering heat transfer performance at carbon nanotube interfaces[J]. ACS Nano, 2009, 3(9): 2767-2775.

[163] ZHU W, LOW T, PEREBEINOS V, et al. Structure and electronic transport in graphene wrinkles[J]. Nano Lett. , 2012, 12(7): 3431-3436.

[164] DENG S, GAO E, WANG Y, et al. Confined, oriented, and electrically anisotropic graphene wrinkles on bacteria[J]. ACS Nano, 2016, 10(9): 8403-8412.

[165] AL-MULLA T, QIN Z, BUEHLER M, J. Crumpling deformation regimes of monolayer graphene on substrate: A molecular mechanics study[J]. J. Phys. Condens. Matter, 2015, 27(34): 345401.

[166] ALGARA-SILLER G, LEHTINEN O, WANG F C, et al. Square ice in graphene nanocapillaries[J]. Nature, 2015, 519(7544): 443-445.

[167] HENKELMAN G, ARNALDSSON A, JÓNSSON H. A fast and robust algorithm for Bader decomposition of charge density[J]. Comp. Mater. Sci. , 2006, 36(3): 354-360.

[168] CHEN Y C, ZWOLAK M, DI VENTRA M. Local heating in nanoscale

conductors[J]. Nano Lett. , 2003, 3(12): 1691-1694.

[169] FREITAG M, STEINER M, MARTIN Y, et al. Energy dissipation in graphene field-effect transistors[J]. Nano Lett. , 2009, 9(5): 1883-1888.

[170] JIA X, HOFMANN M, MEUNIER V, et al. Controlled formation of sharp zigzag and armchair edges in graphitic nanoribbons[J]. Science, 2009, 323(5922): 1701-1705.

[171] GIRIT C O, MEYER J C, ERNI R, et al. Graphene at the edge: Stability and dynamics[J]. Science, 2009, 323(5922): 1705-1708.

[172] WANG Y, XU Z. The critical power to maintain thermally stable molecular junctions[J]. Nature Communications, 2014, 5.

[173] NEL A E, MADLER L, VELEGOL D, et al. Understanding biophysicochemical interactions at the nano-bio interface[J]. Nat. Mater. , 2009, 8(7): 543-557.

[174] KEMPAIAH R, CHUNG A, MAHESHWARI V. Graphene as cellular interface: Electromechanical coupling with cells[J]. ACS Nano, 2011, 5(7): 6025-6031.

[175] MOHANTY N, FAHRENHOLTZ M, NAGARAJA A, et al. Impermeable graphenic encasement of bacteria[J]. Nano Lett. , 2011, 11(3): 1270-1275.

[176] FABBRO A, BOSI S, BALLERINI L, et al. Carbon nanotubes: Artificial nanomaterials to engineer single neurons and neuronal networks [J]. ACS Chem. Neurosci. , 2012, 3(8): 611-618.

[177] TIAN B, LIU J, DVIR T, et al. Macroporous nanowire nanoelectronic scaffolds for synthetic tissues[J]. Nat. Mater. , 2012, 11(11): 986-994.

[178] FROST R, JÖNSSON G E, CHAKAROV D, et al. Graphene oxide and lipid membranes: Interactions and nanocomposite structures[J]. Nano Lett. , 2012, 12(7): 3356-3362.

[179] TSUZUKI K, OKAMOTO Y, IWASA S, et al. Reduced graphene oxide as the support for lipid bilayer membrane[J]. J. Phys. Conf. Ser. , 2012, 352(1): 012016.

[180] LEE Y K, LEE H, NAM J-M. Lipid-nanostructure hybrids and their applications in nanobiotechnology[J]. NPG Asia Mater. , 2013, 5: e48.

[181] TITOV A V, KRÁL P, PEARSON R. Sandwiched graphene-membrane superstructures[J]. ACS Nano, 2010, 4(1): 229-234.

[182] LI Y, YUAN H, VON DEM BUSSCHE A, et al. Graphene microsheets enter cells through spontaneous membrane penetration at edge asperities and corner sites[J]. Proc. Natl. Acad. Sci. , 2013, 110(30): 12295-12300.

[183] KIM S, ZHOU S, HU Y, et al. Room-temperature metastability of multilayer graphene oxide films[J]. Nat. Mater. , 2012, 11(6): 544-549.

[184] WEI N, LV C, XU Z. Wetting of graphene oxide: A molecular dynamics study [J]. Langmuir, 2014, 30(12): 3572-3578.

[185] WEI N, PENG X, XU Z. Breakdown of fast water transport in graphene oxides [J]. Phys. Rev. E, 2014, 89(1): 012113.

[186] WEI N, PENG X, XU Z. Understanding water permeation in graphene oxide membranes[J]. ACS Appl. Mater. Interfaces, 2014, 6(8): 5877-5883.

[187] BROOKS B R, BRUCCOLERI R E, OLAFSON D J, et al. CHARMM: A program for macromolecular energy, minimization, and dynamics calculations [J]. J. Comput. Chem. , 1983, 4: 187-217.

[188] HOCKNEY R W, EASTWOOD J W. Computer simulation using particles [M]. New York: Taylor & Francis, 1989;

[189] SEVERIN N, LANGE P, SOKOLOV I M, et al. Reversible dewetting of a molecularly thin fluid water film in a soft graphene-mica slit pore[J]. Nano Lett. , 2012, 12(2): 774-779.

[190] OLSON E J, MA R, SUN T, et al. Capacitive sensing of intercalated H_2O molecules using graphene[J]. ACS Appl. Mater. Interfaces, 2015, 7(46): 25804-25812.

[191] GROSSE K L, BAE M-H, LIAN F, et al. Nanoscale Joule heating, Peltier cooling and current crowding at graphene-metal contacts [J]. Nat. Nanotechnol. , 2011, 6(5): 287-290.

[192] WOO I-S, RHEE I-K, PARK H-D. Differential damage in bacterial cells by microwave radiation on the basis of cell wall structure[J]. Appl. Environ. Microbiol. , 2000, 66(5): 2243-2247.

[193] HEISTERKAMP J, VAN HILLEGERSBERG R, IJZERMANS J N M. Critical temperature and heating time for coagulation damage: Implications for interstitial laser coagulation(ilc) of tumors[J]. Lasers Surg. Med. , 1999, 25(3): 257-262.

[194] STONER R J, MARIS H J. Kapitza conductance and heat flow between solids at temperatures from 50 to 300K [J]. Phys. Rev. B, 1993, 48 (22): 16373-16387.

[195] WILSON O M, HU X, CAHILL D G, et al. Colloidal metal particles as probes of nanoscale thermal transport in fluids[J]. Phys. Rev. B, 2002, 66(22): 224301.

[196] COSTESCU R M, WALL M A, CAHILL D G. Thermal conductance of epitaxial interfaces[J]. Phys. Rev. B, 2003, 67(5): 054302.

[197] HUXTABLE S T, CAHILL D G, SHENOGIN S, et al. Interfacial heat flow in carbon nanotube suspensions[J]. Nat. Mater. , 2003, 2(11): 731-734.

[198] YU C, SAHA S, ZHOU J, et al. Thermal contact resistance and thermal conductivity of a carbon nanofiber[J]. Journal of Heat Transfer, 2005, 128(3): 234-239.

[199] LYEO H-K, CAHILL D G. Thermal conductance of interfaces between highly dissimilar materials[J]. Phys. Rev. B, 2006, 73(14): 144301.

[200] KONATHAM D, STRIOLO A. Thermal boundary resistance at the graphene-oil interface[J]. Appl. Phys. Lett. , 2009, 95(16): 163105.

[201] CHEN Z, JANG W, BAO W, et al. Thermal contact resistance between graphene and silicon dioxide[J]. Appl. Phys. Lett. , 2009, 95(16): 161910.

[202] SCHMIDT A J, COLLINS K C, MINNICH A J, et al. Thermal conductance and phonon transmissivity of metal-graphite interfaces[J]. J. Appl. Phys. , 2010, 107(10): 104907.

[203] HU L, DESAI T, KEBLINSKI P. Thermal transport in graphene-based nanocomposite[J]. J. Appl. Phys. , 2011, 110(3): 033517.

[204] LOSEGO M D, GRADY M E, SOTTOS N R, et al. Effects of chemical bonding on heat transport across interfaces[J]. Nat. Mater. , 2012, 11(6): 502-506.

[205] CHANG S-W, NAIR A K, BUEHLER M J. Geometry and temperature effects of the interfacial thermal conductance in copper- and nickel-graphene nanocomposites[J]. J. Phys. Condens. Matter, 2012, 24(24): 245301.

[206] WANG M, GALPAYA D, LAI Z B, et al. Surface functionalization on the thermal conductivity of graphene-polymer nanocomposites[J]. Int. J. Smart Nano Mater. , 2014, 5(2): 123-132.

[207] XU Y, LEITNER D M. Vibrational energy flow through the green fluorescent protein-water interface: Communication maps and thermal boundary conductance[J]. J. Phys. Chem. B, 2014, 118(28): 7818-7826.

[208] AGBO J K, XU Y, ZHANG P, et al. Vibrational energy flow across heme-cytochrome c and cytochrome c-water interfaces[J]. Theor. Chem. Acc. , 2014, 133(7): 150401-150410.

[209] LERVIK A, BRESME F, KJELSTRUP S, et al. Heat transfer in protein-water interfaces[J]. Phys. Chem. Chem. Phys. , 2010, 12(7): 1610-1617.

[210] HU L, DESAI T, KEBLINSKI P. Determination of interfacial thermal resistance at the nanoscale[J]. Phys. Rev. B, 2011, 83(19): 195423.

[211] WILLIAMSON M I, ALVIS J S, EAST M J, et al. The potassium channel KcsA and its interaction with the lipid bilayer[J]. Cellular and Molecular Life Sciences, 2003, 60(8): 1581-1590.

[212] DUAN W H, WANG Q, COLLINS F. Dispersion of carbon nanotubes with SDS surfactants: A study from a binding energy perspective[J]. Chem. Sci. , 2011, 2(7): 1407-1413.

[213] BŁOŃSKI P, LÓPEZ N. On the adsorption of formaldehyde and methanol on a water-covered Pt(111): A DFT-D study[J]. J. Phys. Chem. C, 2012, 116(29): 15484-15492.

[214] KATSUMASA K, SUSUMU O. Energetics and electronic structures of alkanes and polyethylene adsorbed on graphene [J]. Jpn. J. Appl. Phys. , 2013, 52(6S): 06GD10.

[215] WELLS G H, HOPF T, VASSILEVSKI K V, et al. Determination of the adhesion energy of graphene on SiC(0001) via measurement of pleat defects[J]. Appl. Phys. Lett. , 2014, 105(19): 193109.

[216] SEN F G, QI Y, ALPAS A T. Improvement of the Pt/graphene interface adhesion by metallic adatoms for fuel cell applications[J]. MRS Proceedings, 2009:1213.

[217] GUO H, QI Y, LI X. Adhesion at diamond/metal interfaces: A density functional theory study[J]. J. Appl. Phys. , 2010, 107(3): 033722.

[218] WEI G, PENGHAO X, GRAEME H, et al. Interfacial adhesion between graphene and silicon dioxide by density functional theory with van der Waals corrections[J]. J. Phys. D Appl. Phys. , 2014, 47(25): 255301.

[219] NAGAO K, NEATON J B, ASHCROFT N W. First-principles study of adhesion at Cu/SiO_2 interfaces[J]. Phys. Rev. B, 2003, 68(12): 125403.

[220] RIVERA J L, MCCABE C, CUMMINGS P T. Molecular simulations of liquid-liquid interfacial properties: Water-n-alkane and water-methanol-n-alkane systems[J]. Phys. Rev. E, 2003, 67(1 Pt 1): 011603.

[221] MOROZENKO A, LEONTYEV I V, STUCHEBRUKHOV A A. Dipole moment and binding energy of water in proteins from crystallographic analysis [J]. J. Chem. Theory Comput. , 2014, 10(10): 4618-4623.

[222] ROMANCZYK P P, RADON M, NOGA K, et al. Autocatalytic cathodic dehalogenation triggered by dissociative electron transfer through a C-H···O hydrogen bond[J]. Phys. Chem. Chem. Phys. , 2013, 15(40): 17522-17536.

[223] CREIXELL M, BÓRQUEZ A C, TORRES-LUGO M, et al. EGFR-targeted magnetic nanoparticle heaters kill cancer cells without a perceptible temperature rise[J]. ACS Nano, 2011, 5(9): 7124-7129.

[224] SUTTER P, SADOWSKI J T, SUTTER E A. Chemistry under cover: Tuning metal-graphene interaction by reactive intercalation[J]. J. Am. Chem. Soc. ,

2010, 132(23): 8175-8179.

[225] RIEDL C, COLETTI C, IWASAKI T, et al. Quasi-free-standing epitaxial graphene on SiC obtained by hydrogen intercalation[J]. Phys. Rev. Lett., 2009, 103(24): 246804-4.

[226] SPÄTH F, GOTTERBARM K, AMENDE M, et al. Keeping argon under a graphene lid—Argon intercalation between graphene and nickel(111)[J]. Surf. Sci., 2016, 643: 222-226.

[227] BOUKHVALOV D W, KATSNELSON M I, SON Y-W. Origin of anomalous water permeation through graphene oxide membrane[J]. Nano Lett., 2013, 13(8): 3930-3935.

[228] CUNIBERTI G, FAGAS G, RICHTER K. Introducing molecular electronics: A brief overview[M]. Berlin: Springer, 2005.

[229] GE Z, CAHILL D G, BRAUN P V. Thermal conductance of hydrophilic and hydrophobic interfaces[J]. Phys. Rev. Lett., 2006, 96(18): 186101.

[230] REDDY P, JANG S Y, SEGALMAN R A, et al. Thermoelectricity in molecular junctions[J]. Science, 2007, 315(5818): 1568-1571.

[231] SUEHIRO T, HIROSAKI N, XIE R-J, et al. Blue-emitting $LaSi_3N_5:Ce^{3+}$ fine powder phosphor for UV-converting white light-emitting diodes[J]. Appl. Phys. Lett., 2009, 95(5): 051903.

[232] REED M A, ZHOU C, MULLER C J, et al. Conductance of a molecular junction[J]. Science, 1997, 278(5336): 252-254.

[233] SMIT R H M, NOAT Y, UNTIEDT C, et al. Measurement of the conductance of a hydrogen molecule[J]. Nature, 2002, 419(6910): 906-909.

[234] XU B Q, TAO N J J. Measurement of single-molecule resistance by repeated formation of molecular junctions[J]. Science, 2003, 301(5637): 1221-1223.

[235] VENKATARAMAN L, KLARE J E, NUCKOLLS C, et al. Dependence of single-molecule junction conductance on molecular conformation[J]. Nature, 2006, 442(7105): 904-907.

[236] LIU Z, DING S Y, CHEN Z B, et al. Revealing the molecular structure of single-molecule junctions in different conductance states by fishing-mode tip-enhanced Raman spectroscopy[J]. Nature Commun, 2011, 2(305).

[237] GALPERIN M, NITZAN A, RATNER M A. Heat conduction in molecular transport junctions[J]. Phys. Rev. B, 2007, 75(15): 155312.

[238] CUI L, JEONG W, HUR S, et al. Quantized thermal transport in single-atom junctions[J]. Science, 2017, 355(6330): 1192.

[239] HUANG Z, CHEN F, D'AGOSTA R, et al. Local ionic and electron heating in

single-molecule junctions[J]. Nat. Nanotechnol, 2007, 2(11): 698-703.

[240] DONALD W B, OLGA A S, JUDITH A H, et al. A second-generation reactive empirical bond order (REBO) potential energy expression for hydrocarbons[J]. J. Phys. Condens. Matter, 2002, 14(4): 783.

[241] LUO T F, LLOYD J R. Non-equilibrium molecular dynamics study of thermal energy transport in Au-SAM-Au junctions[J]. International Journal of Heat and Mass Transfer, 2010, 53(1-3): 1-11.

[242] 冯叶新, 陈基, 李新征, 等. 路径积分分子动力学模拟在相变问题中的应用 [J]. 科学通报, 2015, 60(30): 2824.

[243] BENOIT M, MARX D, PARRINELLO M. Tunnelling and zero-point motion in high-pressure ice[J]. Nature, 1998, 392(6673): 258-261.

[244] TUCKERMAN M E, MARX D, KLEIN M L, et al. On the quantum nature of the shared proton in hydrogen bonds[J]. Science 1997, 275(5301): 817-820.

[245] CRONIN S B, SWAN A K, ÜNLÜ M S, et al. Measuring the uniaxial strain of Individual single-wall carbon nanotubes: Resonance raman spectra of atomic-force-microscope modified single-wall nanotubes[J]. Phys. Rev. Lett., 2004, 93(16): 167401.

[246] DHAR A. Heat transport in low-dimensional systems[J]. Adv. Phys., 2008, 57(5): 457-537.

[247] LEPRI S, LIVI R, POLITI A. Thermal conduction in classical low-dimensional lattices[J]. Phys. Rep., 2003, 377(1): 1-80.

[248] DUDA J C, SALTONSTALL C B, NORRIS P M, et al. Assessment and prediction of thermal transport at solid-self-assembled monolayer junctions[J]. J. Chem. Phys., 2011, 134(9): 094704.

[249] SHEN M, EVANS W J, CAHILL D, et al. Bonding and pressure-tunable interfacial thermal conductance[J]. Phys. Rev. B, 2011, 84(19): 195432.

[250] FLORY P, VOLKENSTEIN M. Statistical mechanics of chain molecules[M]. [S.l.]: Wiley Online Library, 1969.

[251] HENRY A, CHEN G, PLIMPTON S J, et al. 1D-to-3D transition of phonon heat conduction in polyethylene using molecular dynamics simulations [J]. Phys. Rev. B, 2010, 82(14): 144308.

[252] DE GARMO E P, BLACK J T, KOHSER R A. DeGarmo's materials and processes in manufacturing[M]. Hoboken: John Wiley & Sons: 2011;

[253] SWARTZ E T, POHL R O. Thermal boundary resistance [J]. Rev. Mod. Phys., 1989, 61(3): 605-668.

附录 A 与本书有关的物理常数及换算因子

1 物理常数

$a_0 = 0.529177249 \text{Å}$

$e = 4.803242 \times 10^{-10} \text{ESU} = -1.602177 \times 10^{-19} \text{C}$

$h = 6.6260755 \times 10^{-34} \text{J} \cdot \text{S}$

$k_B = 1.380658 \times 10^{-23} \text{J/K}$

$N_A = 6.022 \times 10^{23} / \text{mol}$

$\pi = 3.141592654$

$m_e = 0.910953 \times 10^{-30} \text{kg}$

$m_u = 1822.8880 m_e$

2 换算因子

$1\text{m} = 10^3 \text{mm} = 10^6 \mu\text{m} = 10^9 \text{nm} = 10^{10} \text{Å}$

$1\text{s} = 10^3 \text{ms} = 10^6 \mu\text{s} = 10^9 \text{ns} = 10^{12} \text{ps} = 10^{15} \text{fs}$

$1\text{N} = 10^3 \text{mN} = 10^6 \mu\text{N} = 10^9 \text{nN}$

$1\text{cal} = 4.186\text{J}$

$1\text{eV} = 23.06035 \text{kcal/mol}$

$1\text{hartree} = 627.5095 \text{kcal/mol} = 27.2116 \text{eV}$

$1\text{THz} = 33.3565 / \text{cm}$

附录 B 振动态密度求解程序

实现功能：通过计算材料体系内原子速度的自相关函数的傅里叶变换求解
材料的振动态密度（VDOS）。

参考文献：GONCALVES S, BONADO H. Vibrational densities of states
from molecular-dynamics calculations［J］. Physical Review B,
1992, 46：12019.

语言：FORTRAN

需添加的数据库：FFTW3

求解步骤：

第一步：通过程序 B1 求解速度自相关函数。

第二步：通过程序 B2 求解振动态密度。

程序：

B1 速度自相关函数求解（VACF）

```
! = = = = = = = = = = = = = = = = = = = = = = = = = = = = = = = = = = = = =
! To calculate Velocity Autocorrelation Function via FFT
! By Yanlei Wang@THU, Mar 2013
! Reference：Goncalves S, Bonado H, Vibrational densities of states from molecular-
dynamics calculations, Physical Review B, 1992, 46：12019
! = = = = = = = = = = = = = = = = = = = = = = = = = = = = = = = = = = = = =
program vacf_fft
   use, intrinsic :: iso_c_binding
   include 'fftw3.f03'

   INTEGER :: nsteps,l,m,k,initstep,n
   DOUBLE PRECISION, DIMENSION(:,:), ALLOCATABLE :: heat,heat_cent,z,mask,adj,
acorr0,acorr,nor_acorr
   DOUBLE PRECISION, DIMENSION(:,:,:,:),ALLOCATABLE :: pos,vel,acov
   DOUBLE PRECISION, DIMENSION(:),ALLOCATABLE :: c,uc
   DOUBLE COMPLEX,DIMENSION(:),ALLOCATABLE :: out
   DOUBLE PRECISION :: mean,x,y,norm,time,tag
```

```fortran
  TYPE(C_PTR) :: plan_f,plan_inv,plan_m,datain1,datain2,dataout1,dataout2,
datain_m,dataout_m
! REAL(C_DOUBLE),POINTER :: in_m(:)
  COMPLEX(C_DOUBLE_COMPLEX),POINTER :: in1(:),out1(:),in2(:),in_m(:),out_m(:),
out2(:)


! = = = = = = = = = = = = = = = = = = = = = = = = = = = = = = = = = = = = = = =
! preparing read,and obtain nsteps&natoms
! = = = = = = = = = = = = = = = = = = = = = = = = = = = = = = = = = = = = = = =
  OPEN (11,FILE = 'input.data',STATUS = 'OLD')! 输入文件,速度信息
  OPEN (12,FILE = '0vacf.data',STATUS = 'UNKNOWN')! 输出文件,vacf
  OPEN (13,FILE = '1nor_vacf.data',STATUS = 'UNKNOWN')! 输出文件,归一化的 vacf


  m = 0
  natoms = 1000 ! 体系中原子个数
  write( * , * ) "please input the steps:"! 输入 data 文件的帧数
  read( * , * ) nsteps
  ! find the nextpow2
  l = 2 * nsteps - 1
  k = 1
  do while( k .LT. l)
    k = 2 * k
    m = m + 1
  end do
  l = 1
  do i = 1,m
   l = 2 * l
  end do
write( * , * ) l


! = = = = = = = = = = = = = = = = = = = = = = = = = = = = = = = = = = = = = = =
! allocate data from dump file 分配存储空间
! = = = = = = = = = = = = = = = = = = = = = = = = = = = = = = = = = = = = = = =
  ALLOCATE(c(nsteps),uc(nsteps),vel(nsteps,natoms,3),acov(nsteps,natoms,3))
  allocate(nor_acorr(nsteps,3))
  datain1 = fftw_alloc_complex(INT(l,C_SIZE_T))
  dataout1 = fftw_alloc_complex(INT(l,C_SIZE_T))
```

```
  CALL c_f_pointer(datain1,in1,[l])
  CALL c_f_pointer(dataout1,out1,[l])


! = = = = = = = = = = = = = = = = = = = = = = = = = = = = = = = = = = = = =
! read data from dump file 读取速度信息
! = = = = = = = = = = = = = = = = = = = = = = = = = = = = = = = = = = = = =
  REWIND(11)
  do i = 1, nsteps
    read(11,*)
    read(11,*)
    do j = 1,natoms
      read(11,*)tag,vel(i,j,:)
    end do
end do


! = = = = = = = = = = = = = = = = = = = = = = = = = = = = = = = = = = = = =
! calculate Velocity Autocorrelation Function 计算速度自相关函数
! = = = = = = = = = = = = = = = = = = = = = = = = = = = = = = = = = = = = =
  do n = 1,natoms
  do j = 1,3
   do i = 1,nsteps
     in1(i) = vel(i,n,j) ! The nth atom's vel at time i along direc. j
   end do
   do i = nsteps + 1,l
     in1(i) = 0
   end do


! forward FFT 正向傅里叶变换
  plan_f = fftw_plan_dft_1d(l,in1,out1,-1,FFTW_ESTIMATE)
  call fftw_execute_dft(plan_f,in1,out1)
  do i = 1,l
    in1(i) = out1(i)
  end do
  do i = 1,l
    x = real(in1(i))
    y = aimag(in1(i))
    norm = x*x + y*y
    in1(i) = norm
  end do
```

```
! Inversed FFT 反向傅里叶变换
  plan_inv = fftw_plan_dft_1d(l,in1,out1, + 1,FFTW_ESTIMATE)
  call fftw_execute_dft(plan_inv,in1,out1)
  do i = 1,nsteps
    acov(i,n,j) = real(out1(i))/l
  end do
end do
end do


! VACF 归一化
do i = 1,nsteps
  sumcorr = 0.d0
  do j = 1,3
    do n = 1,natoms
      sumcorr = sumcorr + acov(i,n,j)
    end do
  end do
  c(i) = sumcorr
end do


uc(1) = c(1)/DBLE(nsteps)
do i = 2,nsteps
   uc(i) = (c(i)/DBLE(nsteps + 1 - i))/uc(1)
end do
uc(1) = 1.d0


! = = = = = = = = = = = = = = = = = = = = = = = = = = = = = = = = = = = = = =
! export the VACF 输出 VACF
! = = = = = = = = = = = = = = = = = = = = = = = = = = = = = = = = = = = = = =
  write(12, * ) "nsteps"
  write(12, * ) nsteps

  do i = 1,nsteps
    write(12,'(I20,F30.10)') i,c(i)
  end do
  close(12)

  do i = 1,nsteps
```

```
   write(13,'(I20,F20.10)') i,uc(i)
  end do
  close(13)
end program vacf_fft
```

B2 求解振动态密度

```
program vdos_w
  use, intrinsic :: iso_c_binding
  include 'fftw3.f03'

!  IMPLICIT NONE
  INTEGER :: nsteps,i
  INTEGER, DIMENSION(:), ALLOCATABLE :: tag
  DOUBLE PRECISION :: timestep,dt,sumcorr,distance
  DOUBLE PRECISION, DIMENSION(:),  ALLOCATABLE :: time,u,vdos
    DOUBLE COMPLEX,DIMENSION(:),ALLOCATABLE :: c
  TYPE(C_PTR) :: plan_t,datain1,dataout1
  REAL(C_DOUBLE),POINTER :: in1(:)
  COMPLEX(C_DOUBLE_COMPLEX),POINTER :: out1(:)
  DOUBLE COMPLEX :: sum
  DOUBLE PRECISION :: sum2,x,y
  DOUBLE PRECISION,DIMENSION(:,:,:), ALLOCATABLE :: energy
  DOUBLE PRECISION :: pi,mb,time_p,pol_p

  OPEN (11,FILE = '1nor_facf.data',STATUS = 'OLD')! 输入文件,读入 B1 的输出文件
  OPEN (12,FILE = 'vdos.data',STATUS = 'UNKNOWN')! 输出文件 VDOS

! = = = = = = = = = = = = = = = = = = = = = = = = = = = = = = = = = = = = =
! 读入 VACF 信息
! = = = = = = = = = = = = = = = = = = = = = = = = = = = = = = = = = = = = =
read(11, * ) nsteps
ALLOCATE(time(nsteps),u(nsteps),c(nsteps),vdos(nsteps))

do i = 1,nsteps
read(11, * ) time(i),u(i)
end do

datain1 = fftw_alloc_real(INT(nsteps,C_SIZE_T))
```

```
dataout1 = fftw_alloc_complex(INT((nsteps/2 + 1),C_SIZE_T))
CALL c_f_pointer(datain1,in1,[nsteps])
CALL c_f_pointer(dataout1,out1,[nsteps/2 + 1])


! = = = = = = = = = = = = = = = = = = = = = = = = = = = = = = = = = = = = =
! FFT r2c 实到虚的傅里叶变换
! = = = = = = = = = = = = = = = = = = = = = = = = = = = = = = = = = = = = =
plan_t = fftw_plan_dft_r2c_1d(nsteps,in1,out1, FFTW_ESTIMATE)
    do i = 1,nsteps
    in1(i) = u(i)
    end do
    call fftw_execute_dft_r2c(plan_t,in1,out1)
    do i = 1,(nsteps/2 + 1)
    c(i) = out1(i)
    end do


do i = 1,nsteps/2 + 1
    x = real(c(i))
    y = aimag(c(i))
    vdos(i) = x * x + y * y
end do


time_p = 1.d0/(nsteps * 0.002)
! = = = = = = = = = = = = = = = = = = = = = = = = = = = = = = = = = = = = =
! 输出 VDOS
! = = = = = = = = = = = = = = = = = = = = = = = = = = = = = = = = = = = = =
write (12, * ) "frequency vdos"
do i = 1,(nsteps/2 + 1)
  write (12,'(F20.5,F20.5)') i * time_p,vdos(i)
end do


end program vdos_w
```

附录 C 振动谱能量密度求解程序

实现功能：通过材料平衡态下的原子的轨迹计算材料的振动谱能量密度（spectral energy density，SED），进而获得材料的色散曲线。

参考文献：THOMAS J A，TURNEY J E，LUTZI R M，et al. Predicting phonon dispersion relations and lifetimes from the spectral energy density[J]. Physical Review B，2010，81:081411.

语言：FORTRAN

需添加的数据库：FFTW3

程序：

```
! = = = = = = = = = = = = = = = = = = = = = = = = = = = = = = = = = = = = = = = = = = =
! To calculate the spectral energy density (SED) via the velocity of atoms
! By Yanlei Wang@THU,Nov 2012
! Reference: Thomas J A, Turney J E, Lutzi R M, et al. Predicting phonon dispersion
relations and lifetimes from the spectral energy density, Physical Review B, 2010,
81:081411
! = = = = = = = = = = = = = = = = = = = = = = = = = = = = = = = = = = = = = = = = = =
program sed_phonon
  use, intrinsic :: iso_c_binding
  include 'fftw3.f03'

!   IMPLICIT NONE
  INTEGER :: argc,i,j,k,l,b,p
  INTEGER :: istep,jstep,nsteps,natoms,step_start,nlines
  INTEGER :: nunits,bunit ! nunits 是体系中原胞的个数；bunit 是一个原胞中原子的个数.
  INTEGER, DIMENSION(:), ALLOCATABLE :: tag,typea
  INTEGER,PARAMETER :: MAXLINES = 1000000000
  DOUBLE PRECISION :: timestep,dt,sumcorr,distance
  DOUBLE PRECISION :: xlo,xhi,ylo,yhi,zlo,zhi
  DOUBLE PRECISION :: v1(3),v2(3)
  DOUBLE PRECISION, DIMENSION(:),    ALLOCATABLE :: time,c,u
  DOUBLE PRECISION, DIMENSION(:,:,:,:), ALLOCATABLE :: vel
```

```fortran
DOUBLE PRECISION, DIMENSION(:,:,:,:,:),ALLOCATABLE :: velocity
DOUBLE COMPLEX,DIMENSION(:,:,:,:,:),ALLOCATABLE :: velout1,velout2
INTEGER :: n
TYPE(C_PTR) :: plan_t,plan_pos,datain1,datain2,dataout1,dataout2
REAL(C_DOUBLE),POINTER :: in1(:)
COMPLEX(C_DOUBLE_COMPLEX),POINTER :: in2(:),out1(:),out2(:)
DOUBLE PRECISION :: sum2,x,y
DOUBLE PRECISION,DIMENSION(:,:,:), ALLOCATABLE :: energy
DOUBLE PRECISION :: pi,mb,time_p,pol_p
pi = 3.1415926d0
mb = 12.011d0! 碳原子的质量
sum2 = 0.d0
nunits = 50! 以(8,8)CNT 为例,假设 CNT 有 50 个原胞
bunit = 32! (8,8)CNT 中一个原胞有 32 个原子
timestep = 0.01d0! 输入的 data 文件中的时间步长,单位: ps
distance = 2.45603d0 * (10 * * ( - 10))! 一个原胞的长度,单位: m


! = = = = = = = = = = = = = = = = = = = = = = = = = = = = = = = = = = = =
! preparing read,and obtain nsteps&natoms! 准备读取信息
! = = = = = = = = = = = = = = = = = = = = = = = = = = = = = = = = = = = =
OPEN (11,FILE = 'i_velocity.dump',STATUS = 'OLD')! 输入文件,原子速度文件
OPEN (12,FILE = 'o_sed.data',STATUS = 'UNKNOWN')! 输出文件,SED 文件

READ (11, * )
READ (11, * ) step_start
READ (11, * )
READ (11, * ) natoms
READ (11, * )
READ (11, * ) xlo,xhi
READ (11, * ) ylo,yhi
READ (11, * ) zlo,zhi

DO i = 1, MAXLINES
  READ (11, * ,END = 100)
  ! IF (MOD(i + 8,natoms + 9) .EQ. 0) PRINT * ,INT((i + 8)/(natoms + 9))
END DO
```

```
100   nlines = i + 8 - 1
  nsteps = INT(nlines/(natoms + 9))
  IF (nsteps * (natoms + 9) .NE. nlines) THEN
    WRITE ( * , * ) 'Dump file corrupted',nlines,nsteps,natoms + 9
    CALL EXIT()
  END IF


! = = = = = = = = = = = = = = = = = = = = = = = = = = = = = = = = = = = =
! allocate data from dump file! 分配存储空间
! = = = = = = = = = = = = = = = = = = = = = = = = = = = = = = = = = = = =
  ALLOCATE(vel(nsteps,natoms,3),time(nsteps))
  ALLOCATE(tag(natoms),c(nsteps),u(nsteps))
  ALLOCATE(velocity(nsteps,nunits,bunit,3))! redistribution of velocity
  ALLOCATE(velout1((nsteps/2 + 1),nunits,bunit,3))
  ALLOCATE(velout2((nsteps/2 + 1),nunits,bunit,3))
  ALLOCATE(energy(nunits,(nsteps/2 + 1)))


  ! allocate position to the input&output for FT
  datain1 = fftw_alloc_real(INT(nsteps,C_SIZE_T))
  dataout1 = fftw_alloc_complex(INT((nsteps/2 + 1),C_SIZE_T))
  datain2 = fftw_alloc_complex(INT(nunits,C_SIZE_T))
  dataout2 = fftw_alloc_complex(INT(nunits,C_SIZE_T))


  CALL c_f_pointer(datain1,in1,[nsteps])
  CALL c_f_pointer(datain2,in2,[nunits])
  CALL c_f_pointer(dataout1,out1,[nsteps/2 + 1])
  CALL c_f_pointer(dataout2,out2,[nunits])


! = = = = = = = = = = = = = = = = = = = = = = = = = = = = = = = = = = = =
! read data from dump file! 读取速度信息
! = = = = = = = = = = = = = = = = = = = = = = = = = = = = = = = = = = = =
  REWIND(11)
  DO i = 1, nsteps
    READ (11, * )
    READ (11, * ) time(i)
    READ (11, * )
    READ (11, * ) natoms
    READ (11, * )
```

```
   READ (11, * ) xlo,xhi
   READ (11, * ) ylo,yhi
   READ (11, * ) zlo,zhi
   READ (11, * )
   DO j = 1, natoms
     READ (11, * ) tag(j),vel(i,j,:)! 读取速度信息
   END DO
  END DO
  CLOSE(11)
write( * , * ) '0'


! redistribution of velocity ! 按照原胞,重新存储速度
do b = 1,bunit
  do i = 1,nsteps
    do j = 1,nunits
    p = b + (j - 1) * bunit
    velocity(i,j,b,:) = vel(i,p,:)
    end do
  end do
end do
write( * ,'(I7)') nsteps


! = = = = = = = = = = = = = = = = = = = = = = = = = = = = = = = = = =
! FFT ,on time,r2c ! 对速度做时间傅里叶变换
! = = = = = = = = = = = = = = = = = = = = = = = = = = = = = = = = = =
plan_t = fftw_plan_dft_r2c_1d(nsteps,in1,out1, FFTW_ESTIMATE)
do l = 1,3
do b = 1,bunit
  do j = 1,nunits
    do i = 1,nsteps
    in1(i) = velocity(i,j,b,l)
    end do
    call fftw_execute_dft_r2c(plan_t,in1,out1)
! save the output into another array
    do i = 1,(nsteps/2 + 1)
    velout1(i,j,b,l) = out1(i)
    end do
  end do
```

```
end do
end do
call fftw_destroy_plan(plan_t)
call fftw_free(datain1)
call fftw_free(dataout1)


! = = = = = = = = = = = = = = = = = = = = = = = = = = = = = = = = = = = = =
! FFT on position ! 对速度做空间傅里叶变换
! = = = = = = = = = = = = = = = = = = = = = = = = = = = = = = = = = = = = =
plan_pos = fftw_plan_dft_1d(nunits,in2,out2,1,FFTW_ESTIMATE)
do l = 1,3
do b = 1,bunit
  do i = 1,(nsteps/2 + 1)
    do j = 1,nunits
    in2(j) = velout1(i,j,b,l)
    end do
    call fftw_execute_dft(plan_pos,in2,out2)
! save the output into another array
    do j = 1,nunits
    velout2(i,j,b,l) = out2(j)
    end do
  end do
end do
end do
call fftw_destroy_plan(plan_pos)
call fftw_free(datain2)
call fftw_free(dataout2)


! = = = = = = = = = = = = = = = = = = = = = = = = = = = = = = = = = = = = =
! calculate sed basing on the output 根据 FFT 变换的结果求解 SED
! = = = = = = = = = = = = = = = = = = = = = = = = = = = = = = = = = = = = =
do i = 1,(nsteps/2 + 1)
  do j = 1,nunits
  do l = 1,3
    do b = 1,bunit
        x = real(velout2(i,j,b,l))
        y = aimag(velout2(i,j,b,l))
        sum2 = x * x + y * y + sum2
```

```
      end do
    end do
    sum2 = sum2 * mb/(4 * pi * (nsteps * timestep) * nunits * 1000)
    energy(j,i) = sum2
    sum2 = 0.d0
  end do
end do


! = = = = = = = = = = = = = = = = = = = = = = = = = = = = = = = = = = = = =
! Export SED results 输出 SED 结果
! = = = = = = = = = = = = = = = = = = = = = = = = = = = = = = = = = = = = =
write (12, * ) "The spectral energy density:"
write (12, * ) "nsteps nunits"
write (12,'(2I8)')   nsteps,nunits
write (12, * ) "frequency wave_vector spectral_energy_density:"
do i = 1,(nsteps/2 + 1)
  do j = 1,nunits
  time_p = 1/(nsteps * timestep)
  pol_p = 1.d0/nunits
  write (12,'(F12.5,F12.5,F20.5)') i * time_p,j * pol_p,energy(j,i)
  end do
end do
end program sed_phonon
```

附录 D 热导率求解程序

实现功能：利用 Green-Kubo 方法求解材料的热导率
参考文献：SCHELLING P K，PHILLPOT S R，KEBLINSKI P J.
　　　　　Comparison of atomic-level simulation methods for computing
　　　　　thermal conductivity[J]. Physical Review B，2002，65：144306.
语言：FORTRAN
需添加的数据库：FFTW3
程序：

```
! = = = = = = = = = = = = = = = = = = = = = = = = = = = = = = = = = = = = = = =
! To calculate Flux Autocorrelation Function via FFT and calculate the
thermal conductivity
! By Yanlei Wang@THU,Mar 2013
! Reference：Schelling P K, Phillpot S R, Keblinski P J, Comparison of atomic-level
simulation methods for computing thermal conductivity, Physical Review B, 2002,
65：144306
! = = = = = = = = = = = = = = = = = = = = = = = = = = = = = = = = = = = = = = =
programtc_facf_fft
  use, intrinsic ：: iso_c_binding
  include 'fftw3.f03'

  INTEGER ：: nsteps,l,m,k,initstep,msteps
  DOUBLE PRECISION, DIMENSION(:,:,:), ALLOCATABLE ：: heat,heat_cent,z,acov,mask,
adj,acorr0,acorr,nor_acorr,tc
  DOUBLE PRECISION, DIMENSION(:),   ALLOCATABLE ：: tcall
  DOUBLE COMPLEX,DIMENSION(:),ALLOCATABLE ：: out
  DOUBLE PRECISION ：: mean,x,y,norm,time,tag,sum1
  TYPE(C_PTR) ：: plan_f,plan_inv,plan_m,datain1,datain2,dataout1,dataout2,
datain_m,dataout_m
  COMPLEX(C_DOUBLE_COMPLEX),POINTER ：: in1(:),out1(:),in2(:),in_m(:),out_m(:),
out2(:)
  DOUBLE PRECISION ：: temp,T,lx,ly,V,scale1,dt
```

```fortran
DOUBLE PRECISION :: kB,eV2J,A2m,ps2s,convert


! = = = = = = = = = = = = = = = = = = = = = = = = = = = = = = = = = = = =
! the parameters in MD simulations MD 参数
! = = = = = = = = = = = = = = = = = = = = = = = = = = = = = = = = = = = =
  kB = 1.3806504d - 23
  eV2J = 6.953d - 21 ! 能量单位转换,eV→J
  ! eV2J = 1.602d - 19
  A2m = 1.0d - 10
  ps2s = 1.0d - 12
  convert = eV2J * eV2J/ps2s/A2m


! --inint condiction ! 体系的宏观信息
  T = 300.d0 ! 温度
  lx = 227.28464 ! 周期性盒子宽度
  ly = 234.07161 ! 周期性盒子长度
  V = lx * ly * 3.4d0 ! 本例以石墨烯为例,石墨烯厚度取 3.4Å
  scale1 = convert * dt/kB/T/T * V
  nsteps = 3000001 ! 输入的时间步数
  msteps = 1000000! 输出的时间步数
  dt = 0.0001d0! 输入文件中每帧信息的时间间隔


! = = = = = = = = = = = = = = = = = = = = = = = = = = = = = = = = = = = =
! preparing file 准备输入输出文件
! = = = = = = = = = = = = = = = = = = = = = = = = = = = = = = = = = = = =
  OPEN (11,FILE = 'flux.data',STATUS = 'OLD')! 输入文件,平衡态下热流信息
  OPEN (12,FILE = '0facf.data',STATUS = 'UNKNOWN') ! 输出文件,热流自相关函数
  OPEN (13,FILE = '1tc.data',STATUS = 'UNKNOWN')! 输出文件,热导率信息
  ! find the nextpow2
  m = 0
  l = 2 * nsteps - 1
  k = 1
  do while( k .LT. l)
    k = 2 * k
    m = m + 1
  end do
  l = 1
  do i = 1,m
```

```
  l = 2 * l
  end do
```

```
! = = = = = = = = = = = = = = = = = = = = = = = = = = = = = = = = = =
! allocate data from dump file 开辟存储空间
! = = = = = = = = = = = = = = = = = = = = = = = = = = = = = = = = = =
  ALLOCATE(heat(nsteps,3),acov(nsteps,3))
  ALLOCATE(tc(nsteps,3),tcall(nsteps))
  allocate(acorr(nsteps,3),acorr0(nsteps,3),nor_acorr(nsteps,3))
  datain1 = fftw_alloc_complex(INT(l,C_SIZE_T))
  dataout1 = fftw_alloc_complex(INT(l,C_SIZE_T))
  datain2 = fftw_alloc_complex(INT(l,C_SIZE_T))
  dataout2 = fftw_alloc_complex(INT(l,C_SIZE_T))
  datain_m = fftw_alloc_complex(INT(l,C_SIZE_T))
  dataout_m = fftw_alloc_complex(INT(l,C_SIZE_T))

  CALL c_f_pointer(datain1,in1,[l])
  CALL c_f_pointer(dataout1,out1,[l])
  CALL c_f_pointer(datain2,in2,[l])
  CALL c_f_pointer(dataout2,out2,[l])
  CALL c_f_pointer(datain_m,in_m,[l])
  CALL c_f_pointer(dataout_m,out_m,[l])


! = = = = = = = = = = = = = = = = = = = = = = = = = = = = = = = = = =
! read data from dump file 读入热流信息
! = = = = = = = = = = = = = = = = = = = = = = = = = = = = = = = = = =
  REWIND(11)
  READ (11, * )
  DO i = 1, nsteps
    READ (11, * ) time,time,heat(i,:)
  END DO
  CLOSE(11)


! = = = = = = = = = = = = = = = = = = = = = = = = = = = = = = = = = =
! Flux Autocorrelation Function 计算热流自相关函数
! = = = = = = = = = = = = = = = = = = = = = = = = = = = = = = = = = =
  ! calculate the mean of flux heat
  ! creat new array
```

```
do j = 1,3
do i = 1,nsteps
   in1(i) = heat(i,j)
end do
do i = nsteps + 1,l
   in1(i) = 0
end do
```

! forward FFT 正向傅里叶变换
```
plan_f = fftw_plan_dft_1d(l,in1,out1, - 1,FFTW_ESTIMATE)
call fftw_execute_dft(plan_f,in1,out1)
do i = 1,l
   in2(i) = out1(i)
end do

do i = 1,l
   x = real(in2(i))
   y = aimag(in2(i))
   norm = x * x + y * y
   in2(i) = norm
end do
```

! Inverse FFT 反向傅里叶变换
```
plan_inv = fftw_plan_dft_1d(l,in2,out2, + 1,FFTW_ESTIMATE)
call fftw_execute_dft(plan_inv,in2,out2)
do i = 1,l
   acov(i,j) = real(out2(i))/l
end do
end do

do j = 1,3
  do i = 1,nsteps
    acorr(i,j) = acov(i,j)
  end do
  end do
```

! =
! normalization 归一化

```
! = = = = = = = = = = = = = = = = = = = = = = = = = = = = = = = = = = = = = = =
do j = 1,3
  nor_acorr(1,j) = acorr(1,j)/DBLE(nsteps)
  do i = 2,nsteps
    nor_acorr(i,j) = (acorr(i,j)/DBLE(nsteps + 1 - i))/nor_acorr(1,j)
  end do
  nor_acorr(1,j) = 1.d0
end do

do j = 1,3
  do i = 1,nsteps
    acorr(i,j) = acorr(i,j)/DBLE(nsteps + 1 - i)
  end do
end do


! = = = = = = = = = = = = = = = = = = = = = = = = = = = = = = = = = = = = = = =
! integral 对热流自相关函数积分
! = = = = = = = = = = = = = = = = = = = = = = = = = = = = = = = = = = = = = = =
do j = 1,3
  sum1 = acorr(1,j)/2.d0
  tc(1,j) = sum1
  do i = 2,msteps
    tc(i,j) = acorr(i,j)/2.d0 + sum1
    sum1 = acorr(i,j) + sum1
  end do

  do i = 1,msteps
    tc(i,j) = tc(i,j) * scale1
  end do
end do

do i = 1,msteps
  tcall(i) = (tc(i,1) + tc(i,2))/2.d0   ! 石墨烯面内热导率是各项同性的,取平均值
end do


! -----------------------------------------
! export 信息输出
! ----------------------------------------- -
```

```
! export the autocorrelation function 输出热流自相关函数

do i = 1,msteps
    write(12,'(I10,3F20.5)') i,acorr(i,1),acorr(i,2),acorr(i,3)
end do
close(12)


! export the thermal conductivity 输出热导率信息
do i = 1, msteps
    write(13,'(5F20.5)') i * dt,tc(i,1),tc(i,2),tc(i,3),tcall(i)
end do
close(13)
end program facf_fft
```

作者发表的相关文章

[1] **WANG Y**, QIN Z, BUEHLER M J, et al. Intercalated water layers promote thermal dissipation at bio-nano interfaces [J]. Nature Commun., 2016, 7: 12854.

[2] **WANG Y**, XU Z, Water intercalation for seamless, electrically insulating and thermally transparent interfaces [J]. ACS Appl. Mater. Interf., 2016, 8: 1970-1976.

[3] **WANG Y**, SONG Z, XU Z, Mechanistic transition of heat conduction in two-dimensional solids: A study of silica bilayers[J]. Phys. Rev. B, 2015, 92: 245427.

[4] **WANG Y**, XU Z. The critical power to maintain thermally stable molecular junctions[J]. Nature Commun., 2014, 5: 4297.

[5] **WANG Y**, SONG Z, XU Z, Characterizing phonon thermal conduction in polycrystalline graphene[J]. J. Mater. Res., 2013, 29: 362-372.

[6] **WANG Y**, CAO Y, ZHOU K, et al. Assessment of self-assembled monolayers as high-performance thermal interface materials [J]. Adv. Mater. Interf., 2017, 4: 1700355.

[7] ZHAO W*, **WANG Y***, WU Z, et al. Defect-engineered heat transport in graphene: A route to high efficient thermal rectification [J]. Sci. Rep., 2015, 5: 11962. (*共同第一作者)

[8] CAO L, **WANG Y**, DONG P, et al. Interphase-induced dynamic self-stiffening in graphene-based polydimethylsiloxane nanocomposites[J]. Small, 2016, 12: 3723-3731.

[9] DAI Z, **WANG Y**, LIU L, et al. Hierarchical graphene-based films with dynamic self-stiffening for biomimetic artificial muscle[J]. Adv. Fun. Mater., 2016, 26: 7003-7010.

[10] ZHANG M, **WANG Y**, HUANG L, et al. Multifunctional pristine chemically modified graphene films as strong as stainless steel[J]. Adv. Mater. , 2015, 27:6708-6713.

[11] SUN P, **WANG Y**, LIU H, et al. Structure evolution of graphene oxide during thermally driven phase transformation: Is the oxygen content really preserved? [J]. PLOS One, 2014, 9: e111908.

[12] SONG Z, **WANG Y**, XU Z, Mechanical responses of the bio-nano interface: A molecular dynamics study of graphene-coated lipid membrane[J]. Theor. Appl. Mech. Lett. , 2015, 5: 231-235.

[13] DENG S, GAO E, **WANG Y**, et al. Confined, oriented and electrically anisotropic graphene wrinkles on bacteria[J]. ACS Nano, 2016, 10: 8003-8012.

致　　谢

本书稿写作接近尾声，掩卷思量，饮水思源，在此谨向在书稿创作过程中提供帮助的老师、同学、同事及亲友表达拳拳谢意。

首先，感谢我的导师徐志平教授。徐教授引领我进入科学研究的大门，并在我攻读博士学位期间给予我精心全面的指导，使我对科学研究的理解逐渐加深，并在学业方面逐渐成长。他的敦敦教诲使我终生受益。另外，在美国麻省理工学院土木与环境工程系进行三个月的合作研究期间，承蒙秦钊博士、郭明及 Markus J. Buehler 教授的热心指导与帮助，不胜感激。

感谢清华大学微纳米力学与多学科交叉创新研究中心郑泉水教授、国家纳米科学中心张忠研究员和刘璐琪研究员、美国莱斯大学楼峻教授和 Boris Yakobson 教授、东南大学倪振华教授、浙江大学金传洪教授、清华大学马明副教授、江南大学魏宁教授、中国科学院力学研究所王超副研究员及清华大学工程力学系的全体老师的指导与教诲！感谢宋智功、靳凯、常诚、谢博、熊伟、汪安乐、万宇、丁彬、吴帅、汪国睿、戴兆贺、高恩来、焦淑平、周柯、王识君、何宛真、冯诗喆等实验室同窗们的热情帮助，与你们的每次讨论都让我受益匪浅。

感谢中国科学院过程工程研究所离子液体课题组的张锁江研究员、何宏艳副研究员、霍锋副研究员等在书稿完成过程中提供的指导与建议！感谢学生王琛璐、钱丞等在文稿格式检查等方面的帮助！感谢使得本书付梓的幕后英雄，清华大学出版社的戚亚老师等，你们在文字校对、文稿润色、出版安排等方面的工作给作者带来了巨大的帮助与启发！

最后，感谢父母、岳父母的关怀与理解，感谢妻子的陪伴与支持！谢谢你们！

王艳磊

2018 年 10 月